15分 合かく 80点 /100

月 日

① 九九の表とかけ算

かけ算のきまり

[九九の表を使って、かけ算のきまりをみつけます。]

1 次の図は、4のだんの九九の表です。 教上11ページ1 30点(1つ10)

	1	2	3	4	5	6	7	8	9
4	4	8	12	16	♥	24	28	32	36

① ♥は 4×4=16 より □ 大きい数です。

② ♥は 4×6=24 より □ 小さい数です。

③ ♥の数は □ です。

2 □にあてはまる数をかきましょう。 教上11ページ1 20点(1つ10)

① 3×4 は、3×3 より □ 大きいです。

② 9×6 は、9×7 より □ 小さいです。

3のだん
3、6、9、12、15、……
(3 3 3 3)

9のだん
……、45、54、63、72、81
(9 9 9 9)

3 次の図は、九九の表の一部です。あ、い、う、え、おの数を答えましょう。

教上11ページ1 50点(1つ10)

5	10	15	20	25	う	35	40	45
6	あ	18	24	30	36	42	お	54
7	14	21	い	35	42	49	56	63
8	16	24	32	40	48	え	64	72

あ □ い □ う □ え □ お □

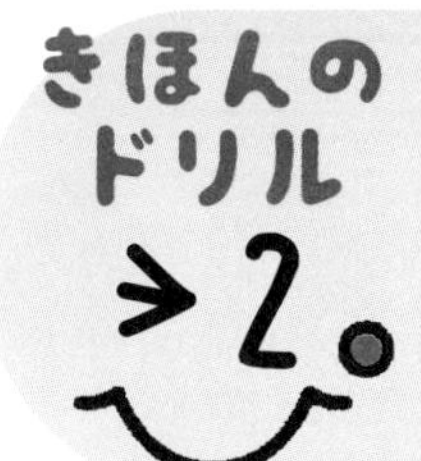

時間 15分　合かく 80点　/100

月　日

答え 81ページ　サクッとこたえあわせ

① 九九の表とかけ算

10や0のかけ算

[九九の表を広げて、0や10のかけ算を考えます。]

1 □にあてはまる数をかきましょう。 教 上12～13ページ 1　20点(1つ5)

・2×10は、2×9より  大きくなるから、2×10＝②□

・10×2は、③10の2こ分と考えて、10×2＝

2×10と10×2の答えは同じです。

2 次の計算をしましょう。 教 上13ページ 2、3　55点(1つ5)

① 5×10　② 4×10　③ 10×3

④ 10×7　⑤ 1×10　⑥ 8×10

⑦ 10×9　⑧ 10×8　⑨ 6×10

⑩ 10×1　⑪ 10×10

3 □にあてはまる数をかきましょう。 教 上14ページ 4　10点(1つ5)

① どんな数に0をかけても答えは□です。

② 0にどんな数をかけても答えは□です。

4 次の計算をしましょう。 教 上14ページ 5　15点(1つ5)

① 3×0　② 0×6　③ 0×0

合かく 80点 /100

月　日

① 九九の表とかけ算
かけ算を使って

[九九を使って、□にあてはまる数をみつけます。]

1 □にあてはまる数をみつけましょう。 教 上15ページ1　20点(1つ5)

① 3×□=12

㋐[3]のだんを考えます。

3×[1]=3
3×[2]=6
3×[3]=9
3×[4]=12

答え　3×㋑□=12

② □×5=15

□×5=5×□だから、

㋐□のだんを考えます。

5×[1]=5
5×[2]=10
5×[3]=15

答え　㋑□×5=15

2 □にあてはまる数をみつけましょう。 教 上15ページ2　80点(1つ10)

① 2×□=8　② 4×□=28　③ 8×□=24

④ □×3=27　⑤ □×7=35　⑥ □×9=72

⑦ 6×□=36　⑧ □×5=0

0にどんな数をかけても、答えは、0になるよ。

教科書 上15ページ

活用

時間 15分　合かく 80点　/100

月　日

サクッとこたえあわせ

答え 81ページ

① 九九の表とかけ算

九九でもとめられない計算も、かけ算のきまりを使ったり、くふうしたりしてもとめることができます。

1 次の表のあ、い、う、え、お、か、き、くの数を答えましょう。

教 上17ページ　80点(1つ10)

かける数

かけられる数	0	1	2	3	4	5	6	7	8	9
0			あ			い				
：										
10	う				え					お
11	か		き				く			

あ □　い □　う □　え □　お □

か □　き □　く □

2 □にあてはまる数をかきましょう。　教 上17ページ　20点(1つ5)

① 1×10 は、1×9 より □ 大きい。

② 4×10 は、4×9 より □ 大きい。

③ 6×11 は、6×10 より □ 大きい。

④ 0 のだんの答えは、全部 □ になっている。

教科書 上17ページ

合かく 80点 ／100

月　日

② わり算

1 1人分の数をもとめる計算

[全部(ぜんぶ)の数を何人かで同じ数ずつ分けて、1人分の数をもとめます。]

1 12このみかんを、4人に同じ数ずつ分けます。1人分は何こになりますか。

教 上19～20ページ 1　30点(全部できて1つ10)

① ○を使(つか)って、1人分が何こになるかを考えます。
同じ数ずつになるように、4つの□の中に○をかきましょう。

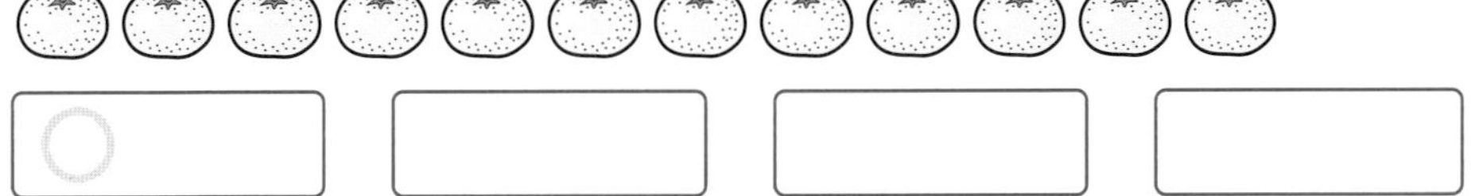

[○] [　] [　] [　]

② 1人分は□こです。

③ 1人分をもとめる計算の式(しき)は、[12]÷[4]です。

2 24まいの色紙を、4人に同じ数ずつ分けると、1人分は何まいになりますか。

教 上21ページ 3　40点(全部できて1つ10)

① 1人分をもとめるわり算の式は、□÷□です。

② 1人分のまい数を□まいとして、かけ算の式にかくと、
□×[4]＝□となります。

4×[1]＝4
4×[2]＝8
4×[3]＝12
4×[4]＝16
⋮

③ ①の答えは、②の□にあてはまる数と同じだから、
24÷4＝□で、1人分は□まいです。

④ 24÷4の答えは、□のだんの九九を使ってもとめられます。

3 20cmのテープを、同じ長さに5つに切ると、1つ分は何cmになりますか。　教 上21ページ 4、5　30点(式15・答え15)

式

答え (　　　　)

合かく 80点　　/100

月　日

② わり算

2 分けられる人数をもとめる計算

[全部(ぜんぶ)の数を同じ数ずつに分けて、何人に分けられるかをもとめます。]

1 18このりんごを、1人に3こずつ分けると、何人に分けられますか。

教 上22〜23ページ1　30点(全部できて1つ10)

① りんごを3こずつ[　　　]でかこんで分けましょう。

② 分けられる人数は[　]人です。

③ 分けられる人数をもとめるわり算の式(しき)は、[18]÷[3]です。

2 16本のえん筆(ぴつ)を、1人に2本ずつ分けると、何人に分けられますか。

教 上22〜23ページ1　40点(全部できて1つ10)

① 分けられる人数をもとめるわり算の式は、[　]÷[　]です。

② 分けられる人数を□人として、かけ算の式にかくと、

$2\times\square=$[　]となります。

2×[1]=2
2×[2]=4
2×[3]=6
2×[4]=8
⋮

③ ①の答えは、②の□にあてはまる数と同じだから、

16÷2=[　]で、分けられる人数は[　]人です。

④ 16÷2の答えは、[　]のだんの九九を使(つか)ってもとめられます。

3 21mのロープを、7mずつに切ると、何本になりますか。

教 上23ページ2、3　30点(式15・答え15)

式

答え (　　　　)

時間15分　合かく80点　/100　月　日

サクッとこたえあわせ　答え 82ページ

② わり算

3 2つの分け方

[わり算は、わる数のだんの九九を使(つか)って計算します。]

1 □の中に、ことばや数を入れて、30÷6 の式(しき)になる問題(もんだい)をつくりましょう。

教 上24ページ 1　40点(□1つ5)

① ㋐□が㋑□こ あります。

㋒□人 に同じ数ずつ分けると、㋓□1人分 は何こになりますか。

② ㋐□が㋑□ あります。

㋒□1人 に㋓□ ずつ分けると、何人に分けられますか。

2 次(つぎ)のわり算の答えは、何のだんの九九を使ってもとめればよいですか。また、答えをもとめましょう。 教 上24ページ 2　30点(□1つ5・答え1つ10)

① 28÷4

□のだん

答え (　　　)

② 18÷9

□のだん

答え (　　　)

3 35÷5 になる問題をつくりました。□にことばや数をつけたして、問題をかんせいさせましょう。 教 上25ページ 1　30点(□1つ5)

① りんごが㋐□こ あります。㋑□人 に同じ数ずつ分けると、㋒□1人分 は何こになりますか。

② りんごが㋐□ あります。㋑□1人 に㋒□ ずつ分けると、何人に分けられますか。

時間15分　合かく80点　/100

月　日

サクッとこたえあわせ　答え 82ページ

② わり算

4 わり算を使った問題

[わり算をりようして、答えをもとめます。]

1 子ども 24 人が、長いす 1 きゃくに 6 人ずつすわっています。長いすは、まだ 4 きゃくのこっています。 教 上27ページ 1　40点(式全部できて10・答え10)

① 子どもがすわっている長いすは何きゃくですか。

式 □ ÷ □ = □

（子どもの数）（1きゃくにすわる人数）

答え（　　　　）

② 長いすは、全部で何きゃくありますか。

式 □ + □ = □

（子どもがすわっている長いすの数）（子どもがすわっていない長いすの数）

答え（　　　　）

よく読んで！

2 32 人の人が 4 人ずつタクシーに乗りました。

そのうち 2 台のタクシーが出発しました。タクシーは、何台のこっていますか。 教 上27ページ 2　30点(式15・答え15)

式

答え（　　　　）

よく読んで！

3 20 このケーキを、1 箱に 4 こずつつめました。

箱は、まだ 2 つのこっています。箱は、全部でいくつありますか。

教 上27ページ 3　30点(式15・答え15)

式

答え（　　　　）

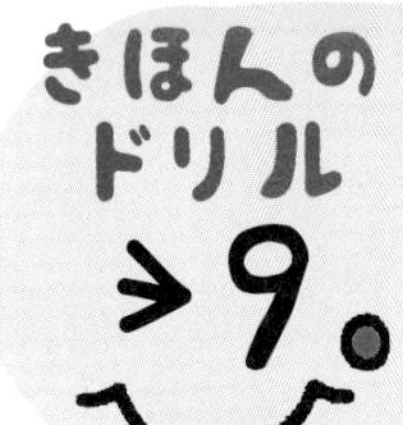

合かく 80点 /100

月 日

② わり算

5 答えが九九にないわり算

[答えが九九にないわり算も、10 がいくつあるかを考えて、九九を使ってもとめます。]

1 次の計算をしましょう。 教 上28ページ△2 15点(1つ5)

① 30÷3　② 60÷6　③ 0÷5

2 3こで 90円のガムがあります。ガム1こ分は何円ですか。 教 上29ページ1 25点(□1つ5)

① 式にかきましょう。 □÷□

② 計算のしかたを考えましょう。

90は　10が□こ

90÷は　10が(9÷3)こだから、1こ分は□円です。

3 48÷4 の計算のしかたを考えましょう。 教 上29ページ1 20点(□1つ5)

48は　40と□

40÷4は□

8÷4は□

48÷4=□

4 次の計算をしましょう。 教 上29ページ△2 40点(1つ5)

① 60÷2　② 80÷2　③ 24÷2

④ 36÷3　⑤ 22÷2　⑥ 88÷4

⑦ 96÷3　⑧ 46÷2

時間 15分 合かく 80点 /100

月 日

② わり算

1 次の計算をしましょう。 40点(1つ5)

① 9÷3　② 14÷2　③ 20÷5

④ 6÷6　⑤ 4÷1　⑥ 0÷7

⑦ 80÷4　⑧ 48÷2

2 ノートが 42 さつあります。 40点(式10・答え10)

① 7 人に同じ数ずつ分けると、1 人分は何さつになりますか。

式

答え (　　　)

② 1 人に 7 さつずつ分けると、何人に分けられますか。

式

答え (　　　)

ミスに注意！

3 24 このたまごを、1 パックに 4 こずつ入れました。パックは、まだ 5 このこっています。パックは、全部で何こありますか。 20点(式10・答え10)

式

答え (　　　)

教科書 上18～31ページ

きほんのドリル 11。

合かく 80点 ／100

月　日

あれ？　たくさんいたのに……

はじめはいくつ

[図にかいて考えます。]

1 けいこさんはあめを買いました。弟に３こ、妹に５こあげたら、のこりは12こになりました。 教 上32～33ページ1 60点(①□1つ10、②・③式10・答え10)

① 図の□にあてはまる数やことばをかきましょう。

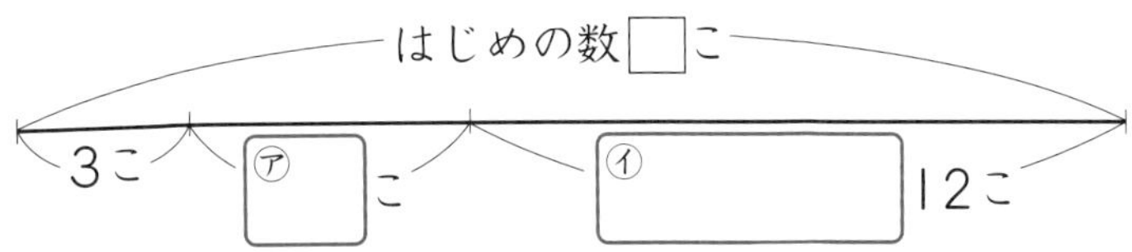

② 弟と妹にあげたあめは、全部(ぜんぶ)で何こですか。

式(しき)

答え（　　　　）

③ はじめ、あめは何こありましたか。

式

答え（　　　　）

よく読んで！

2 ゆかさんはクッキーを作りました。８まいずつ２人の友だちにあげたら、のこりは20まいになりました。 教 上33ページ2 40点(①□1つ10、②式10・答え10)

① 図の□にあてはまる数をかきましょう。

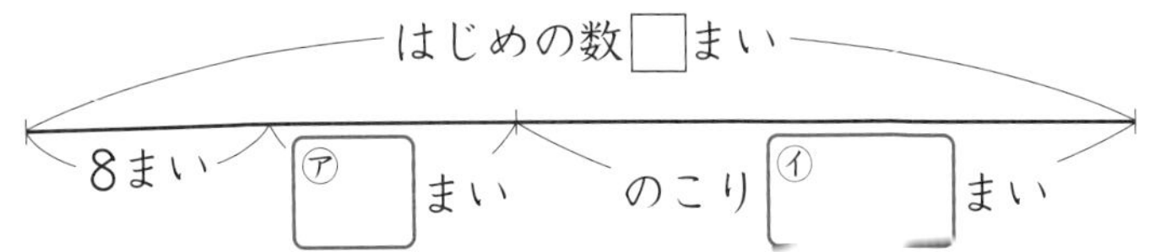

② はじめ、クッキーは何まいありましたか。

式

答え（　　　　）

15分 合かく 80点 /100

月 日

答え 83ページ

サクッとこたえあわせ

あれ？　たくさんいたのに……

ふえたのはいくつ

[図にかいて考えます。]

1 あきらさんは 10 才で、お母さんは 35 才です。お父さん、お母さん、あきらさんの年れいをあわせると 85 才になります。 教 上34〜35ページ 1

60点(①□1つ10、②・③式10・答え10)

① 図の□にあてはまる数をかきましょう。

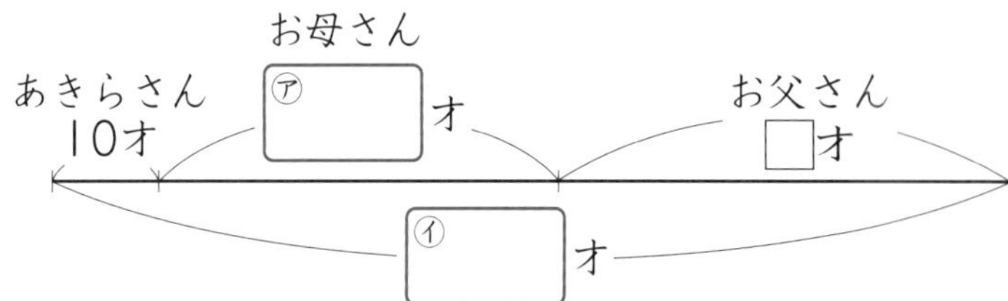

② あきらさんとお母さんの年れいは、あわせていくつですか。

式

答え（　　　　）

③ お父さんの年れいはいくつですか。

式

答え（　　　　）

2 バスに男の人 17 人と女の人 8 人が乗っていました。そこへ、何人か乗ってきたので、全部で 32 人になりました。 教 上35ページ 2

40点(①□1つ10、②式10・答え10)

① 図の□にあてはまる数をかきましょう。

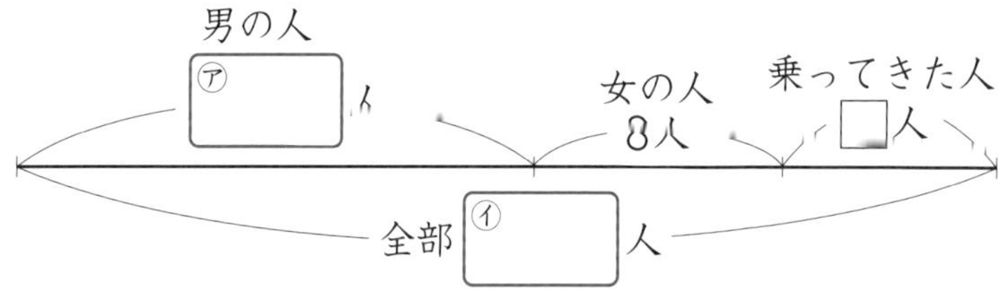

② 乗ってきた人は何人ですか。

式

答え（　　　　）

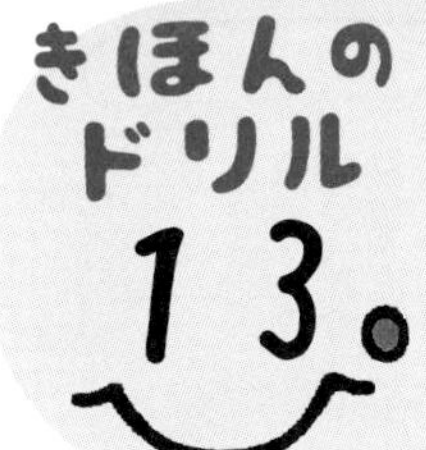

合かく 80点 /100

月　日

③ たし算とひき算の筆算

1 たし算の筆算 ……(1)

[2 けたのときと同じように、一の位からじゅんに計算します。]

1 253+128 の筆算のしかたを考えましょう。 教 上37ページ1

40点(全部できて1つ10)

① 一の位は、3 + 8 = □ になるから、

十の位に □ くり上がります。

② 十の位は、1 + □ + □ = □ になります。

③ 百の位は、□ + □ = □ になります。

④ 答えは、□ です。

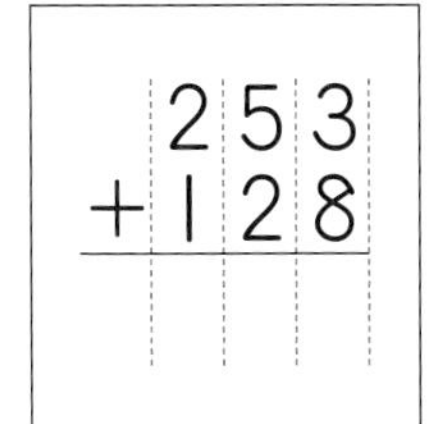

2 けたのとき
と同じだね。

2 264+198 の筆算のしかたを考えましょう。 教 上38ページ3

40点(全部できて1つ10)

① 一の位は、□ + □ = □ になるから、

十の位に □ くり上がります。

② 十の位は、1 + □ + □ = □ になるから、

百の位に □ くり上がります。

③ 百の位は、1 + □ + □ = □ になります。

④ 答えは、□ です。

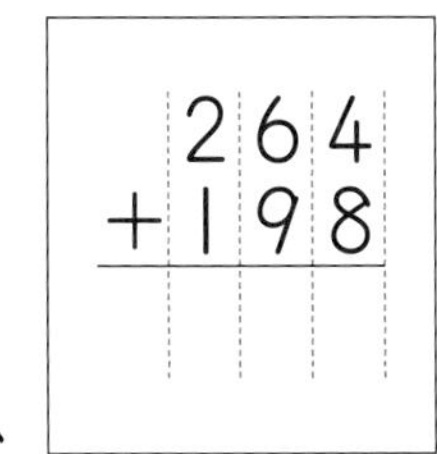

3 次の計算をしましょう。 教 上37ページ2、38ページ4、5、6

20点(1つ5)

① 312 + 459

② 567 + 289

③ 473 + 128

④ 306 + 494

教科書 上36～38ページ

合かく 80点 ／100

月　日

③ たし算とひき算の筆算（ひっさん）

Ⅰ たし算の筆算 ……(2)

❶ 562+725 の筆算のしかたを考えましょう。 教 上39ページ 7

20点（全部（ぜんぶ）できて1つ5）

① 一の位（くらい）は、□＋□＝□になります。

② 十の位は、□＋□＝□になります。

③ 百の位は、□＋□＝□になるから、

千の位に□くり上がります。

④ 答えは、□です。

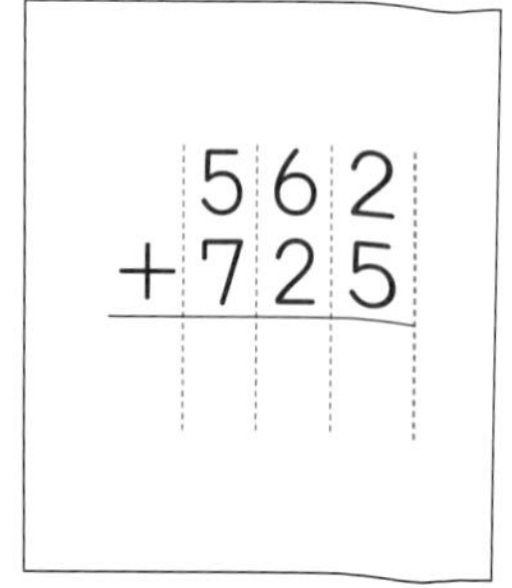

❷ 次（つぎ）の計算をしましょう。 教 上39ページ 8、9、10

80点（1つ10）

① 524 ＋ 632

② 769 ＋ 453

③ 827 ＋ 496

④ 589 ＋ 876

⑤ 678 ＋ 361

⑥ 174 ＋ 826

⑦ 938 ＋ 64

⑧ 997 ＋ 3

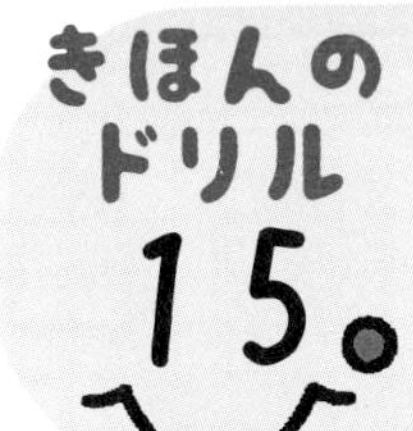

時間 15分　合かく 80点　/100

月　日

③ たし算とひき算の筆算(ひっさん)

2 ひき算の筆算 ……(1)

[2けたのときと同じように、一の位(くらい)からじゅんに計算します。]

1 438－182 の筆算のしかたを考えましょう。 教 上40～41ページ1

40点(全部(ぜんぶ)できて1つ10)

① 一の位は、□－□＝□になります。

② 十の位はひけないから、百の位から 1 くり下げて、13－8＝□になります。

③ 百の位は、3－□＝□になります。

④ 答えは、□です。

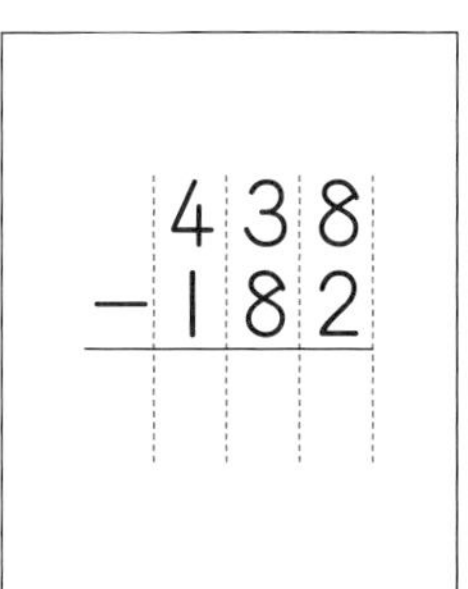

2 352－137 の筆算のしかたを考えましょう。 教 上41ページ2

40点(全部できて1つ10)

① 一の位はひけないから、十の位から□くり下げて、□－□＝□になります。

② 十の位は、□－□＝□になります。

③ 百の位は、□－□＝□になります。

④ 答えは、□です。

3 次(つぎ)の計算をしましょう。 教 上41ページ3、4

20点(1つ5)

① $\begin{array}{r} 673 \\ -328 \\ \hline \end{array}$　② $\begin{array}{r} 568 \\ -275 \\ \hline \end{array}$　③ $\begin{array}{r} 264 \\ -237 \\ \hline \end{array}$　④ $\begin{array}{r} 757 \\ -682 \\ \hline \end{array}$

きほんのドリル 16。

時間 15分　合かく 80点　/100

月　日

サクッとこたえあわせ

答え 84ページ

③ たし算とひき算の筆算

2 ひき算の筆算 ……(2)

1 423−256 の筆算のしかたを考えましょう。 教 上42ページ 5

40点(全部できて1つ10)

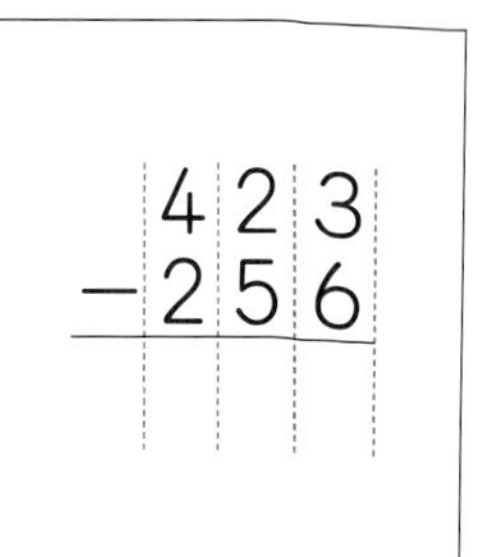

① 一の位はひけないから、十の位から 1 くり下げて、

□ − □ = □ になります。

② 十の位もひけないから、百の位から 1 くり下げて、

11 − □ = □ になります。

③ 百の位は、3 − □ = □ になります。

④ 答えは、□ です。

2 401−154 の筆算のしかたを考えましょう。 教 上43ページ 7

40点(全部できて1つ10)

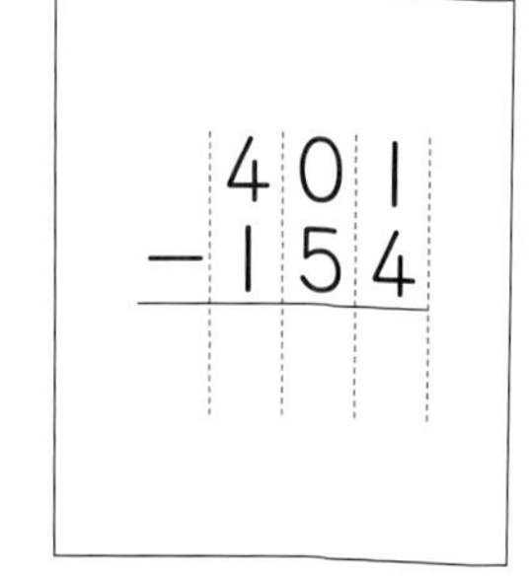

① 十の位が 0 だから、百の位から十の位に 1 くり下げ、さらに十の位から 1 くり下げ、一の位は、

11 − □ = □ になります。このとき、十の位は 9 です。

② 十の位は、9 − 5 = □ になります。

③ 百の位は、3 − 1 = □ になります。

④ 答えは、□ です。

0 のときのくり下がりに気をつけよう。

3 次の計算をしましょう。 教 上42ページ 6、43ページ 8、9、10

20点(1つ5)

① 531 − 165

② 752 − 378

③ 301 − 127

④ 600 − 481

きほんのドリル 17。

時間 15分 合かく 80点 /100

月　日

③ たし算とひき算の筆算（ひっさん）

3　4けたの数の筆算／4　計算のくふう

1 4167+3754 の筆算のしかたを考えましょう。 教 上45ページ 1

20点（全部（ぜんぶ）できて1つ4）

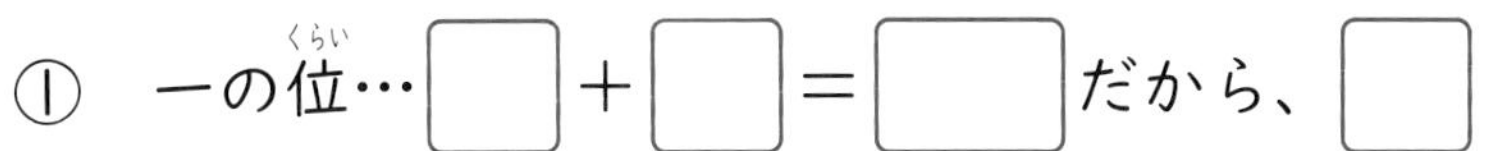

① 一の位（くらい）… □ ＋ □ ＝ □ だから、□

② 十の位… 1 ＋ □ ＋ □ ＝ □ だから、□

③ 百の位… 1 ＋ □ ＋ □ ＝ □

④ 千の位… □ ＋ □ ＝ □

⑤ 答えは、□

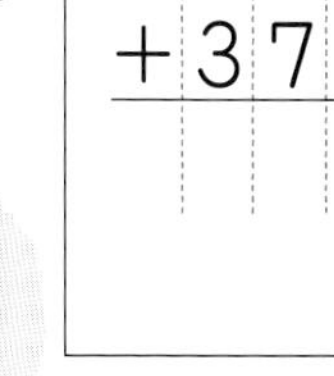

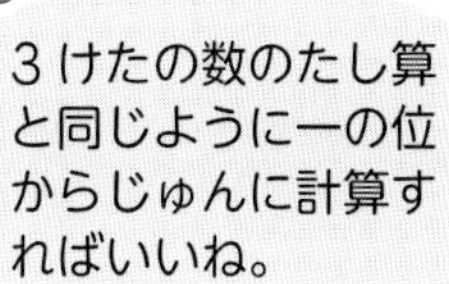

2 6278−1539 の筆算のしかたを考えましょう。 教 上45ページ 1

20点（全部できて1つ4）

① 一の位… 18 − 9 ＝ □

② 十の位… 6 − □ ＝ □

③ 百の位… 12 − □ ＝ □

④ 千の位… □ − □ ＝ □

⑤ 答えは、□

一の位も百の位も上の位から1くり下げて計算します。

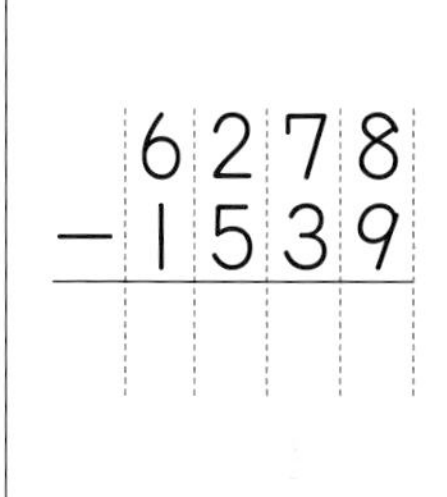

3 次（つぎ）の計算をしましょう。 教 上45ページ 2

48点（1つ8）

① 1467 ＋ 5746

② 3249 ＋ 915

③ 4723 ＋ 98

④ 5120 − 2351

⑤ 7541 − 849

⑥ 2364 − 85

4 たすじゅんじょをくふうして、計算をしましょう。 教 上46ページ 2　12点（1つ4）

26+589+74＝(26+ ㋐ □)+589＝ ㋑ □ +589＝ ㋒ □

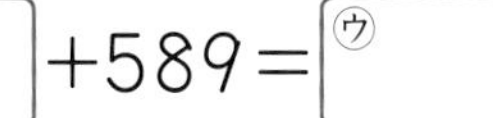

教科書 上45〜46ページ

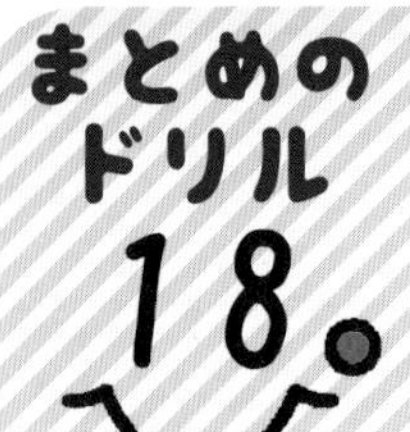

15分　合かく 80点　／100

月　日

③ たし算とひき算の筆算

1 次の計算をしましょう。　60点(1つ5)

① $\begin{array}{r} 234 \\ +348 \\ \hline \end{array}$　② $\begin{array}{r} 396 \\ +125 \\ \hline \end{array}$　③ $\begin{array}{r} 836 \\ +486 \\ \hline \end{array}$

④ $\begin{array}{r} 751 \\ +269 \\ \hline \end{array}$　⑤ $\begin{array}{r} 962 \\ +\ \ 38 \\ \hline \end{array}$　⑥ $\begin{array}{r} 5169 \\ +1342 \\ \hline \end{array}$

⑦ $\begin{array}{r} 544 \\ -218 \\ \hline \end{array}$　⑧ $\begin{array}{r} 625 \\ -437 \\ \hline \end{array}$　⑨ $\begin{array}{r} 378 \\ -279 \\ \hline \end{array}$

⑩ $\begin{array}{r} 803 \\ -245 \\ \hline \end{array}$　⑪ $\begin{array}{r} 400 \\ -\ \ 97 \\ \hline \end{array}$　⑫ $\begin{array}{r} 3561 \\ -1768 \\ \hline \end{array}$

2 3年生の男の子は147人、女の子は154人います。あわせて何人いますか。　15点(式10・答え5)

式

答え（　　　）

3 235円のおかしを買いました。500円玉を出すと、おつりは何円ですか。　15点(式10・答え5)

式

答え（　　　）

4 たすじゅんじょをくふうして、次の計算をしましょう。　10点(1つ5)

① 49+283+51　② 57+874+43

教科書 上36～48ページ

④ 時こくと時間 ……(1)

[時間を2つに分けて考えます。]

1 2時45分から40分たった時こくは何時何分ですか。 教 上51ページ 1 20点

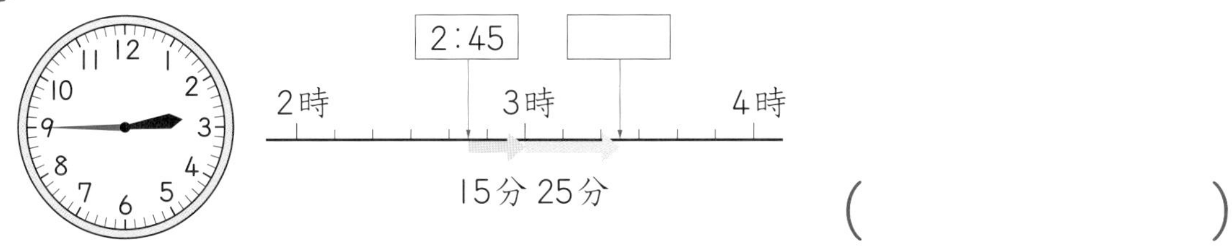

(　　　　　　)

2 7時50分から8時15分までの時間はどれだけですか。 教 上51ページ 2 20点

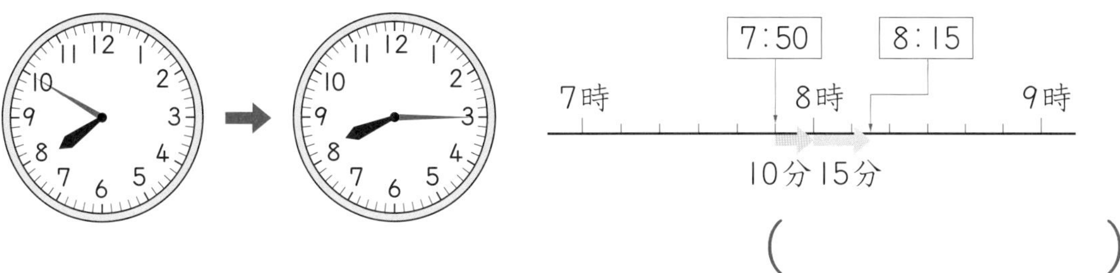

(　　　　　　)

3 午前8時から午後2時30分までの時間はどれだけですか。 教 上51ページ 2 20点

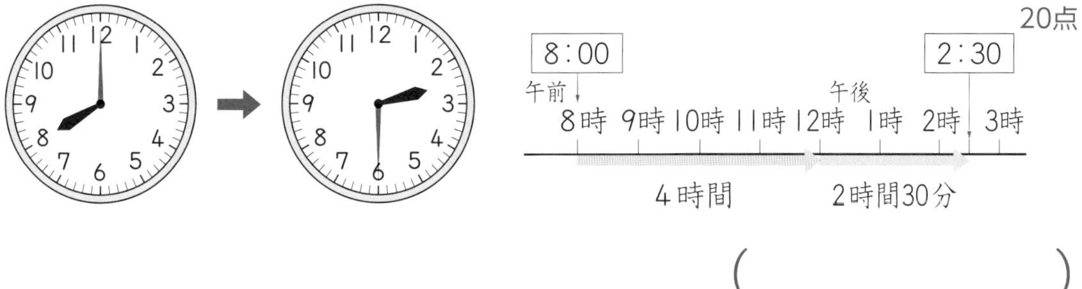

(　　　　　　)

4 水族館(すいぞくかん)から家まで歩いて50分かかります。4時30分に家にもどってくるには、水族館を何時何分に出るとよいですか。 教 上52ページ 5 20点

(　　　　　　)

5 □にあてはまる数をかきましょう。 教 上52ページ 6 20点(全部(ぜんぶ)できて1つ10)

① 1時間25分は□分です。 ② 95分は□時間□分です。

きほんのドリル 20。

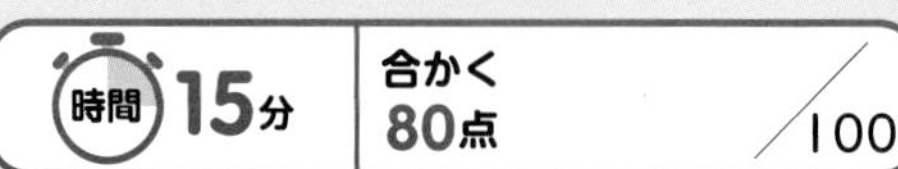

月　日

④ 時こくと時間 ……(2)

短い時間

答え 84ページ

[1分より短い時間のたんいに秒があります。]

1 □にあてはまる数をかきましょう。 教 上53ページ2 70点(全部できて1つ10)

① 1分は□秒です。

1分は何秒？

② 60秒は□分です。

③ 1分30秒は、□秒＋30秒だから、1分30秒＝□秒です。

④ 2分＝□秒

⑤ 2分40秒＝□秒

⑥ 80秒は、□秒＋20秒だから、80秒＝□分□秒です。

⑦ 105秒＝□分□秒

2 公園を走って1しゅうすると、1回目は55秒、2回目は1分5秒かかりました。 教 上53ページ 30点(1つ15)

① 2回目にかかった時間は何秒ですか。

(　　　　)

② 1回目は2回目より何秒速く走りましたか。

(　　　　)

教科書 上53ページ

きほんのドリル 21。

時間 15分　合かく 80点　／100

月　日

サクッとこたえあわせ　答え 84ページ

⑤ 一万をこえる数

1 万の位（くらい）……(1)

[10000 が 10 こで十万、100 こで百万、1000 こで千万になります。]

1 問題（もんだい）に答えましょう。 教 上57～58ページ1　30点(全部（ぜんぶ）できて1つ15)

① 七千三百四十五万を数字でかきましょう。

7	3	4	5				
千万の位	百万の位	十万の位	一万の位	千の位	百の位	十の位	一の位

ここでくぎると、読みやすくなるね。

② 次（つぎ）の□にあてはまる数をかきましょう。

①の数は、1000 万を□こ、100 万を□こ、10 万を□こ、1 万を□こあわせた数です。

2 次の数を数字でかきましょう。 教 上60ページ7　30点(1つ10)

① 二百九十一万三千六十七　(　　　　)

② 六百五万八千七百四　(　　　　)

③ 1000 万を 2 こ、100 万を 3 こ、10 万を 1 こ、1000 を 5 こあわせた数　(　　　　)

3 次の□にあてはまる数をかきましょう。 教 上61ページ1、2　20点(□1つ5)

① 千万は百万の□倍（ばい）です。

② 2300000 は、一万を□こ集（あつ）めた数です。

③ 千万を 10 倍した数は、□で、□とかきます。

4 2 つの数の大小をくらべて、□に>か<を使（つか）って式（しき）にかきましょう。 教 上62ページ2　20点(1つ10)

① 54300 □ 53800　　② 253000 □ 256000

時間 15分 | 合かく 80点 | /100

月　日

サクッとこたえあわせ

答え 85ページ

⑤ 一万をこえる数

Ⅰ 万の位（くらい） ……(2)

[1000がいくつ分かを考えて計算します。]

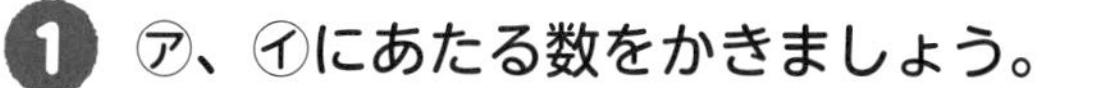

❶ ㋐、㋑にあたる数をかきましょう。 教 上63ページ❶、△3　20点(1つ10)

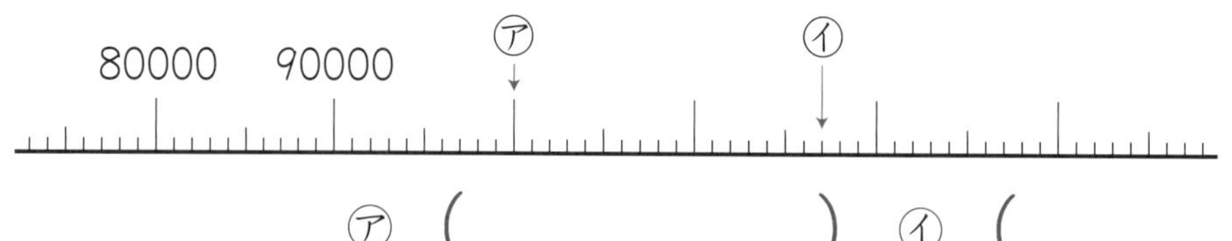

㋐（　　　　　）　㋑（　　　　　）

❷ 2つのかばんがあります。 教 上64ページ❶、❷　50点(□1つ5)

① あわせて何円ですか。

12000円

8000円

●それぞれのかばんのねだんが1000円さつ何まい分か考えます。

あわせて、1000円さつが 12 ＋ 8 ＝ □ まい分です。

式（しき） 12000+8000= □　　答え □ 円

② ちがいは何円ですか。

●ちがいは、1000円さつが □ − □ ＝ □ まい分です。

式 12000−8000= □　　答え □ 円

❸ 次（つぎ）の計算をしましょう。 教 上64ページ△3　20点(1つ5)

① 70000+50000　　② 180000−80000

③ 56万＋7万　　④ 68万−9万

❹ 24+37=61、73−45=28を使（つか）って、次の答えをもとめましょう。

教 上64ページ△4　10点(1つ5)

① 24000+37000　　② 73万−45万

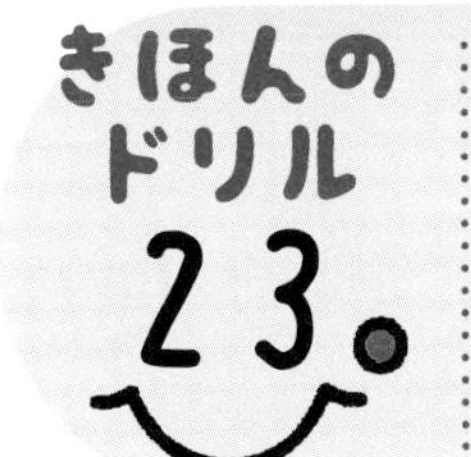

時間15分　合かく80点　／100

月　日

答え 85ページ

⑤ 一万をこえる数

2　10倍(ばい)した数、10でわった数　……(1)

[10倍すると、位(くらい)が1つ上がり、右はしに0を1こつけた数になります。]

1 次(つぎ)の計算をしましょう。　教 上65ページ 2　40点(1つ10)

① 50×10　② 72×10

③ 210×10　④ 6800×10

2 次の計算をしましょう。　教 上67ページ 3、4　40点(1つ10)

① 3×100　② 26×100

③ 800×100　④ 2900×100

3 1こ130円のパンがあります。10こ買うと、何円になりますか。

教 上65ページ 1　10点(式5・答え5)

式(しき)

答え (　　　　)

4 1まい583円のハンカチがあります。100まいのねだんは、何円ですか。　教 上66ページ 1　10点(式5・答え5)

式

答え (　　　　)

⑤ 一万をこえる数
2 10倍(ばい)した数、10でわった数 ……(2)

[一の位(くらい)が0の数を10でわると、位が1つ下がり、一の位の0をとった数になります。]

1 10こで30円のビーズがあります。1このねだんは何円ですか。

教 上68ページ 1　30点(□1つ5)

① わり算の式(しき)にかきましょう。

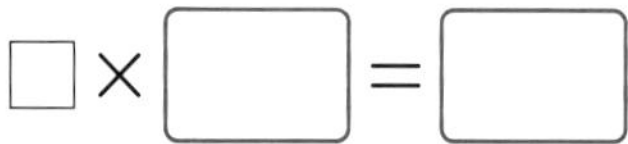

□ ÷ □

② 1このねだんを□円として、かけ算の式にかきましょう。

□×□＝□

③ ①の答えは、②の□にあてはまる数と同じだから、

30÷10＝□で、ビーズ1このねだんは□円です。

2 □にあてはまる数やことばをかきましょう。　教 上68ページ 1　30点(1つ10)

① 80を10でわった数は□です。

② 80を10でわると、8は□の位に下がり、一の位の0をとった数になります。

③ 一の位が0の数を□でわると、位が1つ下がり、一の位の0をとった数になります。

3 次(つぎ)の計算をしましょう。　教 上68ページ 2　40点(1つ10)

① 60÷10　　② 420÷10

③ 700÷10　　④ 9000÷10

教科書 上68ページ

 15分 | 合かく 80点 | /100

月　日

答え 85ページ

⑥ 表(ひょう)とグラフ

1 整理(せいり)のしかた ……(1)

[わかりやすく整理するしかたに、表やグラフがあります。]

1 次(つぎ)のくだものの数を、わかりやすく表に整理してみましょう。 教 上73ページ 1

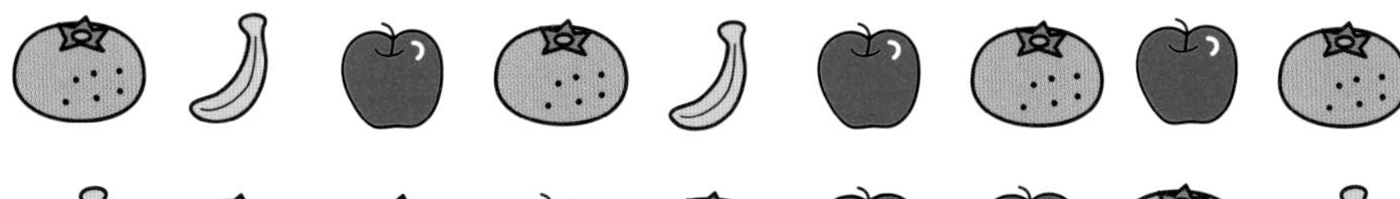

① 下の表に、正の字をかいて、整理しましょう。 30点(1つ10)

みかん	㋐
バナナ	㋑
りんご	㋒

② 左の表の正の字を数字にかきなおして、下の表に整理しましょう。 40点(1つ10)

くだものの数

くだもの	こ数(こ)
みかん	㋐
バナナ	㋑
りんご	㋒
合　計	㋓

③ 数がいちばん多いくだものは何ですか。 10点

(　　　　　)

④ 数がいちばん少ないくだものは何ですか。 10点

(　　　　　)

⑤ くだものは、全部(ぜんぶ)で何こですか。 10点

(　　　　　)

教科書 上72～73ページ

合かく 80点 ／100

月　日

サクッとこたえあわせ
答え 85ページ

⑥ 表とグラフ

1 整理のしかた……(2)／2 整理のしかたのくふう

1 学校の前を1時間に通った乗用車を、色べつに調べて、次のようなグラフに表しました。 教 上74〜75ページ1、75ページ2

50点(1つ10)

乗用車の色調べ

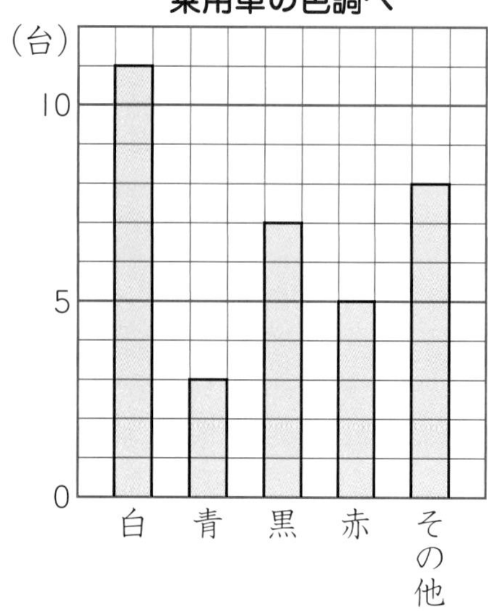

① 左のようなグラフを何といいますか。

(　　　　)

② たての1目もりは、何台を表していますか。 (　　　　)

③ 数がいちばん多い色は何ですか。

(　　　　)

④ ③の色の乗用車は何台ですか。

(　　　　)

⑤ 黒は青より何台多いですか。

(　　　　)

2 下の表は、あさこさんのクラスですきな食べ物調べの人数を表したものです。ぼうグラフにかいてみましょう。 教 上76〜77ページ1、78〜79ページ1

50点(全部できて1つ10)

すきな食べ物調べ

食べ物	人数(人)
カレーライス	9
ハンバーグ	11
ラーメン	4
コロッケ	7

① 表題をかきましょう。

② たてのじくに、人数をとり、目もりの数字をかきましょう。

③ 目もりのたんいをかきましょう。

④ 横のじくに、食べ物のしゅるいを、人数の多いじゅんに左からかきましょう。

⑤ 人数にあわせてぼうをかきましょう。

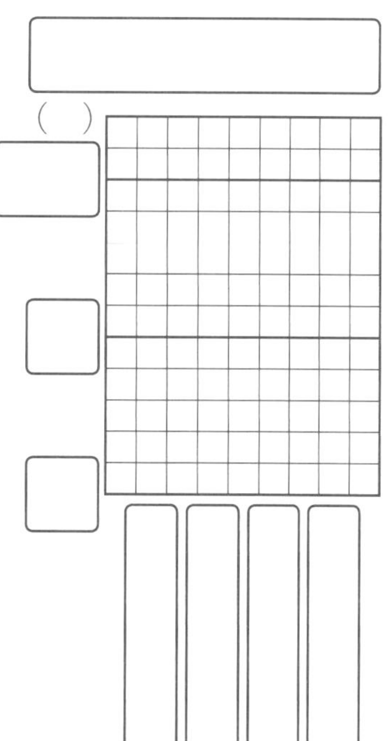

合かく 80点 /100

月 日

⑥ 表とグラフ
3 表やグラフを組み合わせて

1 下の表は、3年生が住んでいる町と人数を、クラスべつに表したものです。

教 上84～85ページ 1　70点(①全部できて30、②～⑤1つ10)

町調べ(1組)

町　名	人数(人)
東　町	9
西　町	10
南　町	7
北　町	6

町調べ(2組)

町　名	人数(人)
東　町	5
西　町	9
南　町	11
北　町	8

町調べ(3組)

町　名	人数(人)
東　町	8
西　町	7
南　町	10
北　町	7

① 1つの表に整理しましょう。

組／町名	1組	2組	3組	合　計
東　町				
西　町				
南　町				
北　町				
合　計				

② 東町に住んでいる人数の合計は何人ですか。
(　　　　)

③ 人数がいちばん多い町は何町ですか。(　　　　)

④ 1組の人数の合計は何人ですか。(　　　　)

⑤ 3年生の人数の合計は何人ですか。(　　　　)

2 右の2つのぼうグラフは、ようこさんが先週の1週間にテレビをみた時間と本をよんだ時間を表したものです。 教 上86ページ 1　30点(1つ15)

① 「2つのグラフをくらべるときは、目もりをそろえるとよいです」という考えは、正しいですか。(　　　　)

② 「日曜日にテレビをみた時間は、本をよんだ時間と同じです」という考えは、正しいですか。(　　　　)

テレビをみた時間調べ

(分) 0 10 20 30 40 50 60
日 月 火 水 木 金 土

本をよんだ時間調べ

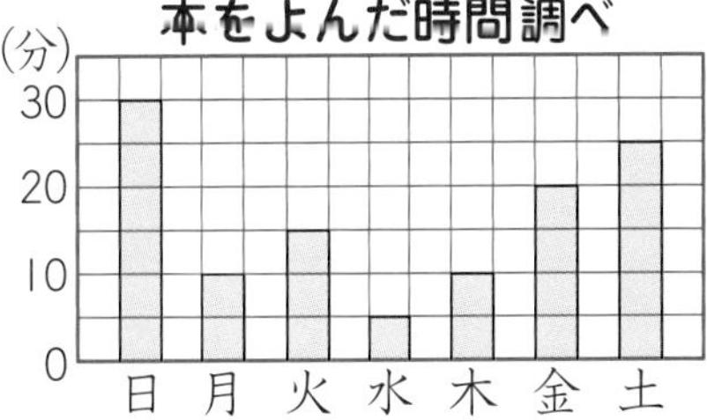

時間15分 合かく80点 /100
月 日

答え 86ページ

⑦ たし算とひき算

[たす数、ひく数を、計算しやすいように、2つに分けてから計算します。]

1 25+16 の計算を暗算（あんざん）でします。□にあてはまる数をかきましょう。

教 上88ページ 1　20点（全部（ぜんぶ）できて1つ5）

① 16 を 10 と □ に分けて考えます。

② 25+ 10 を計算すると □ です。

③ ②の答えに □ をたすと、答えがもとめられます。

④ 答えは □ です。

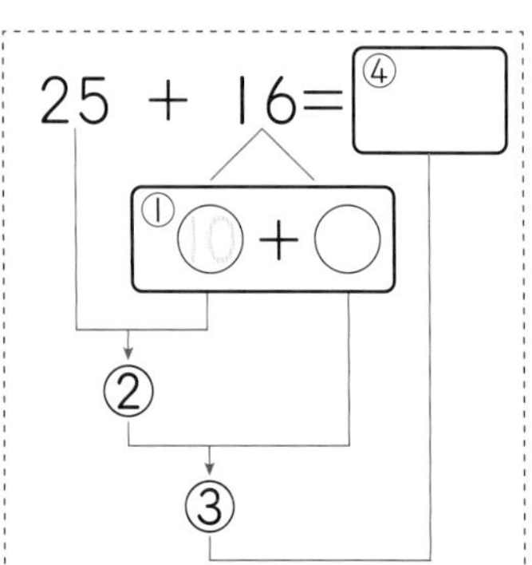

2 56−18 の計算を暗算でします。□にあてはまる数をかきましょう。

教 上89ページ 5　20点（全部できて1つ5）

① 18 を 10 と □ に分けて考えます。

② 56− 10 を計算すると □ です。

③ ②の答えから □ をひくと、答えがもとめられます。

④ 答えは □ です。

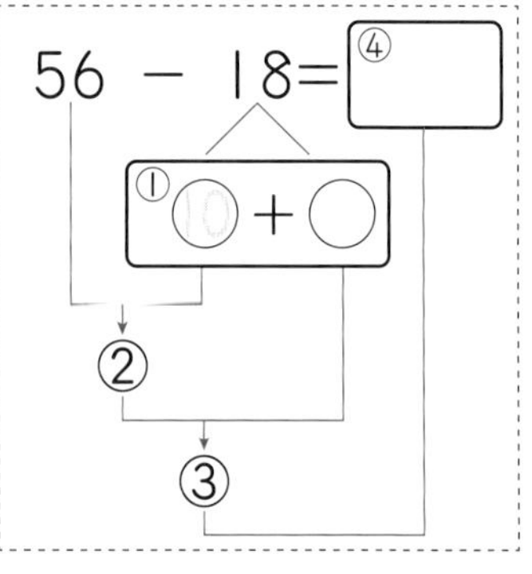

3 暗算でしましょう。　教 上88ページ 2、4、89ページ 6、8　60点（1つ10）

① 52+34　② 73+19

③ 92+49　④ 66−32

⑤ 50−24　⑥ 100−87

時間 15分　合かく 80点　／100

月　日

答え 86ページ

29 九九の表(ひょう)とかけ算／わり算

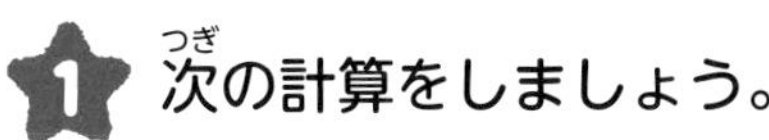

1 次(つぎ)の計算をしましょう。　25点(1つ5)

① 3×10　② 10×5　③ 10×10

④ 9×0　⑤ 0×7

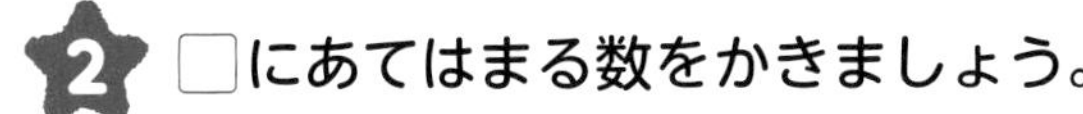

2 □にあてはまる数をかきましょう。　10点(1つ5)

① 6×□=24　② □×9=81

3 次の計算をしましょう。　45点(1つ5)

① 16÷4　② 42÷7　③ 36÷9

④ 8÷8　⑤ 0÷6　⑥ 10÷1

⑦ 40÷2　⑧ 39÷3　⑨ 66÷6

4 えん筆(ぴつ)が 30 本あります。1 箱(はこ)に 6 本ずつ分けると、何箱に分けることができますか。　10点(式5・答え5)

式(しき)

答え（　　　　）

よく読んで！

5 49 このあめを、1 ふくろに 7 こずつ入れました。ふくろは、まだ 2 ふくろのこっています。ふくろは、全部(ぜんぶ)で何ふくろありますか。　10点(式5・答え5)

式

答え（　　　　）

時間 15分 合かく 80点 /100

月　日

たし算とひき算の筆算（ひっさん）／時こくと時間

1 次（つぎ）の計算をしましょう。 60点(1つ5)

① 246 ＋155

② 583 ＋349

③ 462 ＋639

④ 992 ＋ 8

⑤ 597 －458

⑥ 622 －251

⑦ 501 －294

⑧ 200 －112

⑨ 1482 ＋3259

⑩ 2674 ＋ 528

⑪ 9126 －1547

⑫ 1300 － 684

2 次の時間や時こくを答えましょう。 40点(1つ10)

午前7時25分

① ㋐の時こくから午前8時15分までの時間

(　　　　)

② ㋐の時こくから午後3時までの時間

(　　　　)

③ ㋐の時こくから45分たった時こく

④ ㋐の時こくから40分前の時こく

夏休みのホームテスト

15分　合かく 80点　／100

月　日

サクッとこたえあわせ

答え 86ページ

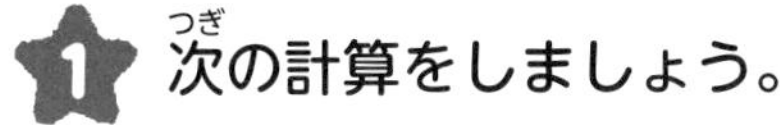

一万をこえる数／表とグラフ

1 次の計算をしましょう。　30点(1つ5)

① 7000＋4000　② 80000－60000

③ 42万＋9万　④ 15万－6万

⑤ 60×10　⑥ 220÷10

2 数字でかきましょう。　20点(1つ10)

① 千七百万九千五十二　(　　　)

② 1万を300こ集めた数　(　　　)

3 □にあてはまる数をかきましょう。　10点(全部できて1つ5)

① 91000は、1万を□こ、1000を□こあわせた数です。

② 3020000は、一万を□こ集めた数です。

4 下のグラフは、先週、はるとさんの学校でけっせきした人数を、曜日べつに表したものです。　40点(1つ10)

① グラフの1目もりは、何人を表していますか。

(　　　)

② 金曜日にけっせきした人数は、何人ですか。

(　　　)

けっせきした人数

0　10　20　30(人)

月

火

水

木

金

③ けっせきした人数がいちばん多いのは何曜日ですか。

(　　　)

④ 木曜日にけっせきした人数は、水曜日より何人多いですか。

(　　　)

きほんのドリル 32。

時間15分　合かく80点　/100　月　日

答え 87ページ

⑧ 長　さ

まきじゃくを使(つか)って

[長いものやまるいもののまわりの長さをはかるには、まきじゃくを使うとべんりです。]

1 次(つぎ)の長さをはかるには、ものさしとまきじゃくのどちらを使うとべんりですか。

教 上97ページ　20点(1つ5)

① 公園の木のまわりの長さ　(　　　　)

② ノートの横(よこ)の長さ　(　　　　)

③ えん筆(ぴつ)の長さ　(　　　　)

④ 教室のたての長さ　(　　　　)

2 ㋐、㋑、㋒、㋓の目もりをよみましょう。　教 上97ページ　40点(1つ10)

㋐ (　　　cm)

㋑ (　　　cm)

㋒ (　　　m　　　cm)

㋓ (　　　m　　　cm)

3 ㋐、㋑、㋒、㋓の長さの目もりのところに↓をつけましょう。

教 上97ページ　40点(1つ10)

㋐ 5m　㋑ 5m20cm　㋒ 5m35cm　㋓ 4m85cm

きほんのドリル 33。

時間 15分　合かく 80点　/100　月　日

答え 87ページ　サクッとこたえあわせ

⑧ 長さ

キロメートル

[道のりを表すときの長さのたんいに km があります。1km＝1000m です。]

1 のりかさんの家から駅までの道のりは 800m、駅から図書館までの道のりは 400m あります。のりかさんの家から駅の前を通って図書館までの道のりは何 km 何 m ですか。 教 上98ページ 1 30点(全部できて1つ15)

① 式にすると、

□m＋□m＝□m

家←→駅　駅←→図書館

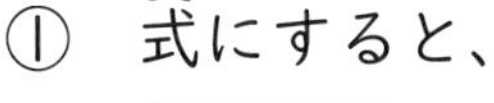

② 1km は □m だから、答えは □km □m

2 ゆうびん局から家までは 1km300m、ゆうびん局から学校までは 900m あります。 教 上99ページ 4 40点(式10・答え10)

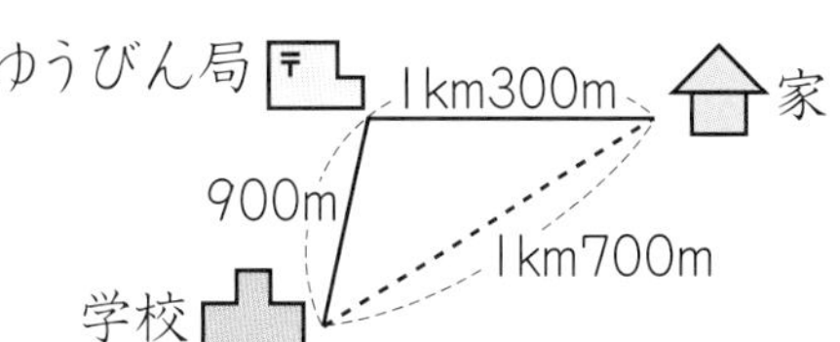

① 家からゆうびん局の前を通って学校までの道のりはどれだけですか。

式

答え (　　　)

② 家から学校までの道のりときょりのちがいはどれだけですか。

式

答え (　　　)

3 □にあてはまる数をかきましょう。 教 上98ページ 3、99ページ 5

30点(全部できて1つ5)

① 2000m＝□km

② 8km＝□m

③ 1800m＝□km □m

④ 4km500m＝□m

⑤ 1km500m＋800m＝□km □m

⑥ 4km100m－200m＝□km □m

教科書 上98～99ページ

15分　合かく 80点　／100

月　日

答え 87ページ

サクッとこたえあわせ

⑨ あまりのあるわり算

Ⅰ　あまりのあるわり算のしかた ……(1)

[13÷2 のように、あまりがあるときは、わり切れないといいます。]

1 あめ 16 こを、1人に 3こずつ分けていきます。何人に分けられて、何こあまりますか。 教 上103～104ページ1 40点(全部できて1つ10)

① あめを 3 こずつ[　　]でかこんで分けましょう。

② あめは[　]人に分けられて、[　]こあまります。

③ わり算の式にかきましょう。

[　]÷[　]＝[　]あまり[　]

$\vdots$
3×4＝12
3×5＝⑮
3×6＝~~18~~

18 は 16 より大きいからダメだね。

④ 16÷3 の答えをみつけるには、[　]のだんの九九を使います。

2 ノートが 17 さつあります。 教 上104ページ2 40点(式10・答え10)

① 1人に 2 さつずつ分けると、何人に分けられて、何さつあまりますか。

式

答え（　　　　）

② 1人に 3 さつずつ分けると、何人に分けられて、何さつあまりますか。

式

答え（　　　　）

3 バラが 25 本あります。3 本ずつたばにしていきます。何たばできて、何本あまりますか。 教 上104ページ3 20点(式10・答え10)

式

答え（　　　　）

教科書 上102～104ページ

時間15分　合かく80点　／100

月　日

⑨ あまりのあるわり算

Ⅰ あまりのあるわり算のしかた ……(2)

[わり算のあまりは、いつもわる数より小さくなります。]

1 次(つぎ)の計算はまちがっています。□にあてはまる数をかきましょう。

教 上105～106ページ 1、106ページ △2　20点(全部(ぜんぶ)できて1つ10)

19÷3＝5 あまり 4

① まちがいは、あまりの□がわる数の□より大きいところです。

② 正しい計算は、19÷3＝□あまり□になります。

あまり＜わる数
小　大
ですね。

2 次の計算をしましょう。　教 上107ページ △4　40点(1つ5)

① 8÷3　　② 21÷6

③ 43÷5　　④ 60÷9

⑤ 41÷7　　⑥ 73÷8

⑦ 34÷4　　⑧ 82÷9

3 えん筆(ぴつ)が 45 本あります。　教 上107ページ △5　40点(式10・答え10)

① 1 箱(はこ)に 6 本ずつ入れると、何箱できて、何本あまりますか。

式(しき)

答え（　　　　　　　　）

② 7 人に同じ数ずつ分けると、1 人何本になって、何本あまりますか。

式

答え（　　　　　　　　）

合かく 80点　／100

月　日

⑨ あまりのあるわり算

Ⅰ あまりのあるわり算のしかた ……(3)

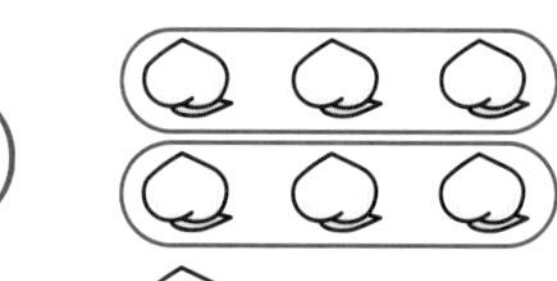

サクッと こたえ あわせ

[(わる数)×(答え)+(あまり)=(わられる数)で、答えをたしかめます。]

1 もも 7 こを、2 人で同じ数ずつ分けます。1 人何こになって、何こあまりますか。

教 上108ページ 1　40点(全部できて1つ10)

① わり算の式にかきましょう。

(　　　　　　　　　　)

② 答えをかきましょう。

1人(　　　)こになって、(　　　)こあまる。

③ ②の答えが正しいかたしかめます。

2人分のももは、2×□で□こです。

これにあまりの□こをたすと 7 こになるので、答えは正しいです。

④ ③のたしかめを式でかきましょう。

2 × □ + □ =7

7 ÷ 2 = 3 あまり 1
2 × 3 + 1 = 7

2 計算をして、答えをたしかめましょう。　教 上108ページ 2　30点(答え5・たしかめ5)

① 15÷6　(　　　　)　たしかめ　(　　　　)

② 30÷4　(　　　　)　たしかめ　(　　　　)

③ 51÷9　(　　　　)　たしかめ　(　　　　)

3 まちがいがあればなおしましょう。まちがいがないときは、○をかきましょう。

教 上108ページ 3　30点(1つ10)

① 23÷3=8 あまり 1　(　　　　)

② 34÷6=5 あまり 4　(　　　　)

③ 50÷7=6 あまり 8　(　　　　)

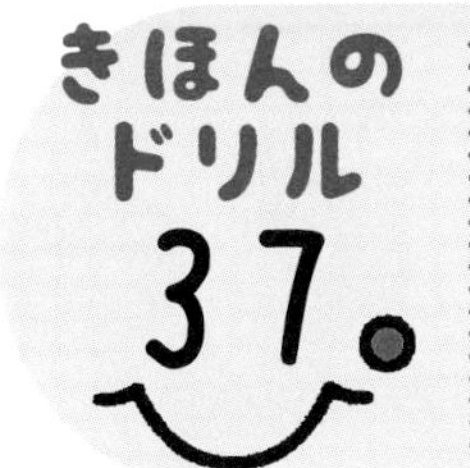

時間 15分　合かく 80点　／100

月　日

答え 88ページ

⑨ あまりのあるわり算
2 あまりを考えて

[問題(もんだい)をよくよんで、あまりについて考えてから答えをもとめます。]

1 たけしさんは、60 ページの本を 1 日に 7 ページずつよみます。よみ終(お)わるのに何日かかるか調(しら)べましょう。　教上110ページ 1、△2、△3

40点（①10、②・③□1つ10）

① 60÷7 を計算しましょう。

（　　　　　　　　　　）

② ①の計算から、□日よむと、のこりが□ページになることがわかります。

③ 全部(ぜんぶ)のページをよむにはもう 1 日いるから、よみ終わるのに□日かかります。

よく読んで！

2 本が 25 さつあります。1 回に 4 さつずつ運(はこ)ぶと、何回で全部運べますか。　教上110ページ 1、△2、△3

30点（式15・答え15）

式(しき)

答え（　　　　　）

⚠ミスに注意！

3 たまご 50 こを、1 箱(はこ)に 8 こずつ入れて売ります。何箱できますか。

教上111ページ 4、△5、△6　30点（式15・答え15）

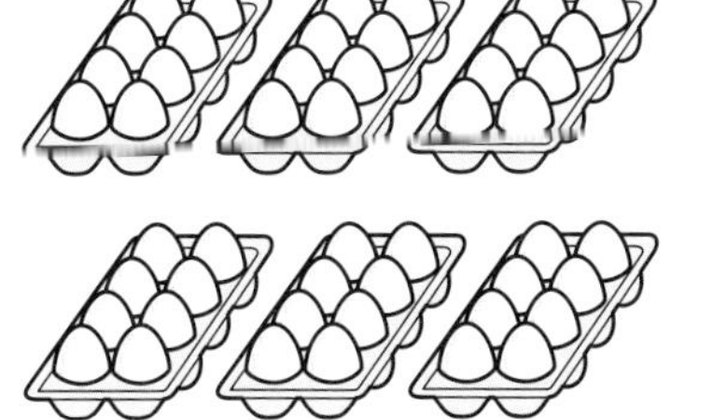

式

答え（　　　　　）

時間 15分　合かく 80点　／100　月　日

答え 88ページ　サクッとこたえあわせ

⑨ あまりのあるわり算

1 次(つぎ)の計算をしましょう。　30点(1つ5)

① 9÷2　② 32÷6

③ 32÷7　④ 20÷3

⑤ 43÷9　⑥ 62÷8

2 まちがいがあればなおしましょう。まちがいがないときは、○をかきましょう。　30点(1つ10)

① 31÷4=8 あまり 1　(　　　)

② 70÷9=7 あまり 7　(　　　)

③ 19÷3=5 あまり 4　(　　　)

3 みかんが 35 こあります。8 人に同じ数ずつ分けると、1 人何こになって、何こあまりますか。　20点(式10・答え10)

式(しき)

答え (　　　)

ミスに注意！

4 おとな 22 人が、1 台に 4 人ずつタクシーに乗(の)ります。タクシーは何台いりますか。　20点(式10・答え10)

式

答え (　　　)

教科書 上102〜113ページ

時間15分　合かく80点　/100　月　日

答え 88ページ

⑩ 重さ

1　重さの表し方 ……(1)

[重さのたんいには g や kg があります。]

1 □にあてはまることばや数をかきましょう。

教 上115ページ1、116ページ1、117ページ3、118ページ1　60点(□1つ10)

① 重さは、□ではかります。

② 重さのたんいに g があり、□とよみます。

③ 重さのたんいには、kg もあり、□とよみます。

④ 1kg は、□g です。

⑤ 右のはかりを見て答えましょう。

㋐ いちばん小さい目もりは、1目もりが□g になっています。

㋑ はりは、□g をさしています。

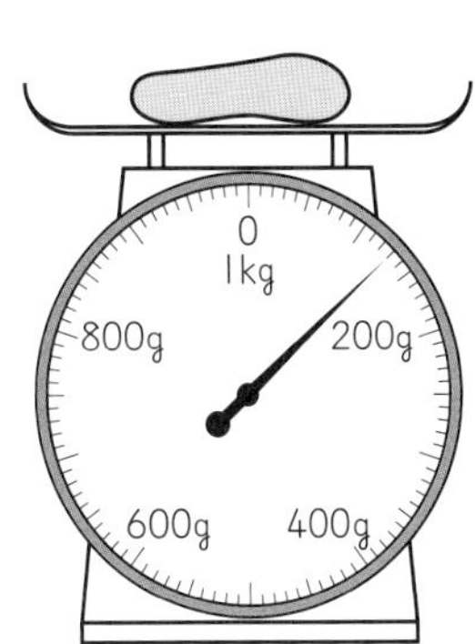

2 はかりの目もりをよみましょう。　教 上118ページ1、119ページ2

40点(全部できて1つ20)

①
0
2kg
200g
400g
600g
800g
1kg
1200g
1400g
1600g
1800g

(　　　)g

⇩

(　　)kg(　　　)g

②
0
2kg
200g
400g
600g
800g
1kg
1200g
1400g
1600g
1800g

(　　　)g

⇩

(　　)kg(　　　)g

⑩ 重さ

1 重さの表し方 ……(2)

[g どうしの計算は、そのまま。kg と g がでてくる計算は、すべて g にして計算します。]

1 200g のいれものにメロンを入れて重さをはかったら、右下のはかりのようになりました。メロンの重さはどれだけですか。□にあてはまることばや数をかきましょう。 教 上122ページ 1　50点(□1つ10)

① 全体の重さは、□g です。

② メロンの重さは、全体の重さから ㋐□ の重さをひいたものだから、
式は ㋑□g－㋒□g になります。

③ 答えは □g です。

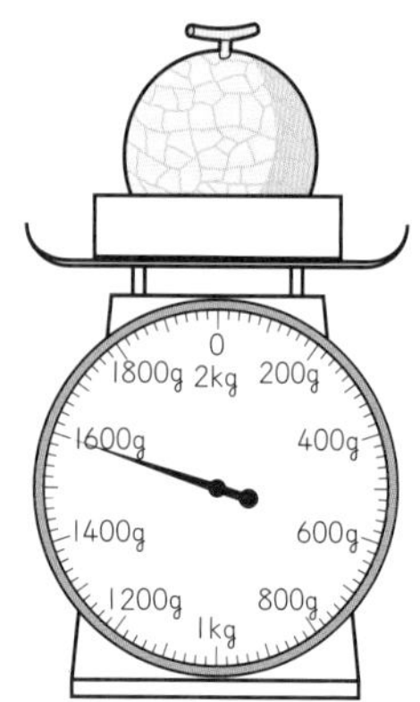

2 □にあてはまる数をかきましょう。 教 上122ページ 3　40点(全部できて1つ10)

① 500g＋700g＝□kg□g

② 1kg400g＋600g＝□kg

③ 900g－400g＝□g

④ 1kg100g－500g＝□g

活用

3 バナナとりんご、みかんの重さをくらべました。
重いじゅんにかきましょう。 教 上123ページ　10点

りんご ＜ バナナ
りんご ＞ みかん

(　　　⇨　　　⇨　　　)

15分 合かく 80点 ／100

月 日

⑩ 重さ

2 たんいの関係

[1kg=1000g、1000kg=1t（トン）などの関係をおぼえます。]

⚠ミスに注意！

1 □にあてはまる数をかきましょう。 教 上124ページ1 10点（1つ5）

① 4000kg=□t

② 5t100kg=□kg

2 □にあてはまるたんいを、右の□の中からえらんでかきましょう。 教 上124～125ページ2ア 70点（1つ10）

① ノート1さつの重さ 100□

② お米1ふくろの重さ 10□

③ えん筆（ぴつ）の長さ 16□

④ 本のあつさ 9□

⑤ ジャングルジムの高さ 2□

⑥ やかんに入る水のかさ 3□

⑦ ペットボトルの水のかさ 500□

mL L dL
cm mm m km
g kg

3 □にあてはまる数をかきましょう。 教 上125ページ2イ 20点（1つ5）

① 1mは1mmの□倍（ばい）です。

② 1Lは1dLの□倍です。 ③ 1kgは1gの□倍です。

④ 1tは1kgの□倍です。

⑪ 円と球（きゅう）

円

時間15分　合かく80点　/100

月　日

[コンパスでかいたようなまるい形を、円といいます。]

1 下の図のうちで、円はどれですか。 教下4〜5ページ1　20点

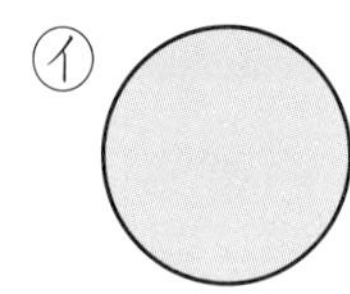

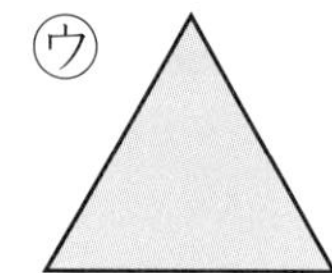

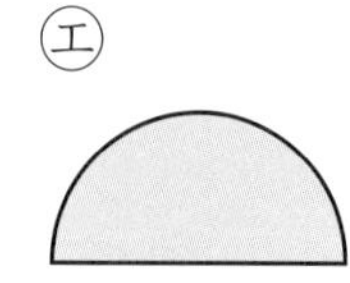

(　　　)

2 □にあてはまることばをかきましょう。 教下4〜5ページ1　30点(1つ10)

右の図のように、円のまん中の点アを円の①□、②□から円のまわりまでひいた直線イを円の③□といいます。

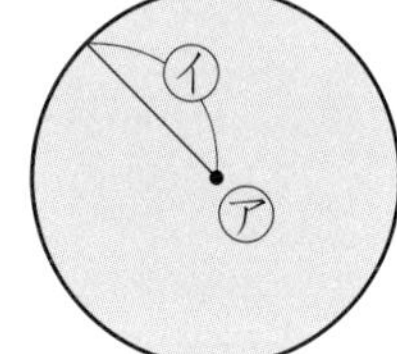

3 コンパスのさきを3cmに開（ひら）いて、アの点を中心（ちゅうしん）とした半径（はんけい）が3cmの円をかきましょう。 教下6ページ2ア、3　20点

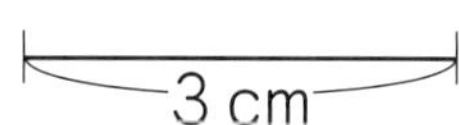

4 □にあてはまることばや数をかきましょう。 教下7ページ5　30点(1つ10)

円の中心を通って、まわりからまわりまでひいた直線を円の①□といいます。

右の円の直径（ちょっけい）は②□cmで、半径は③□cmです。

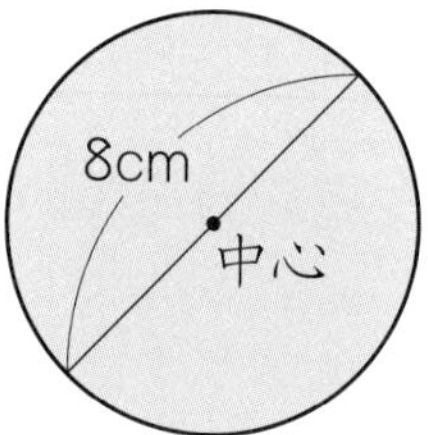

合かく 80点 ／100

月　日

⑪ 円と球（きゅう）

もようづくり／コンパスを使（つか）って

[コンパスで、もようをかいたり、長さを写（うつ）しとったりできます。]

1 コンパスを使って、方がんに下のもようをかいてみましょう。

教 下8ページ 1 40点

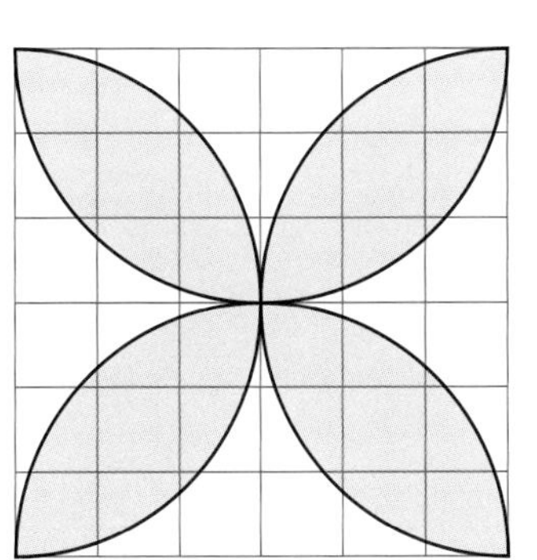

2 コンパスを使って、下の魚の絵をかいてみましょう。 教 下8ページ 2 40点

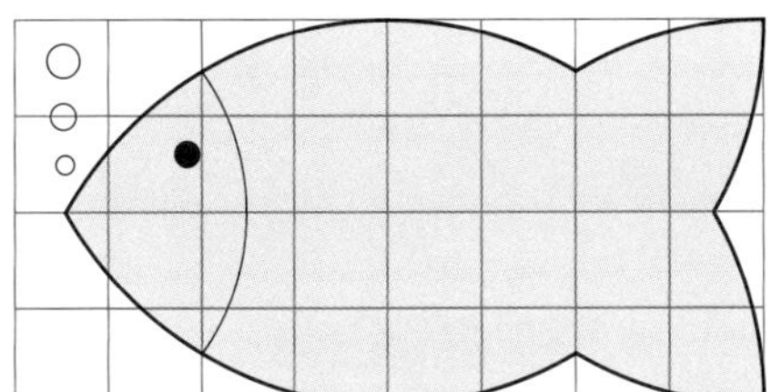

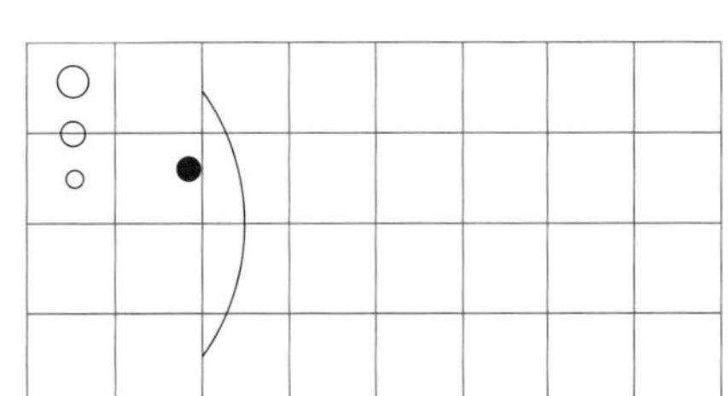

3 家から公園に行きます。あといでは、どちらの道が近いですか。

教 下9ページ 1 20点

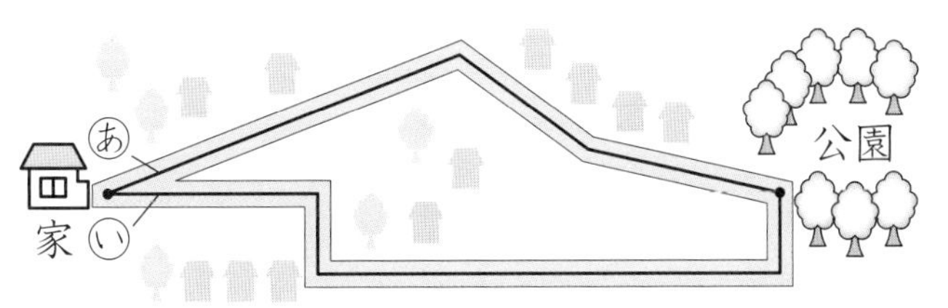

コンパスで、長さを直線の上に写しとるとちがいがわかるよ。

あ ＿＿＿＿＿＿＿＿

い ＿＿＿＿＿＿＿＿

□ が近い。

教科書 下8〜9ページ

時間15分　合かく80点　/100

月　日

[ボールのようにどこから見ても円に見える形を、球といいます。]

1 □にあてはまることばをかきましょう。 教下10〜11ページ1ア、イ

20点(1つ10)

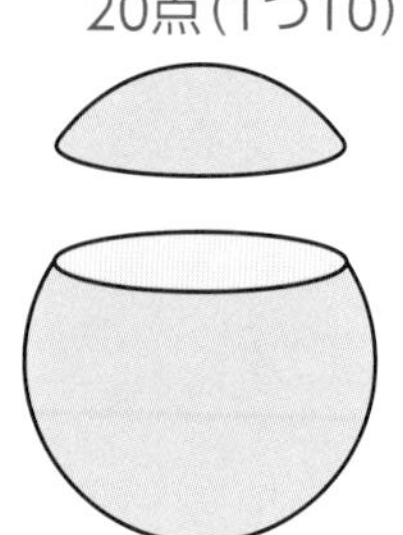

ボールのようにどこから見ても円に見える形を、①□といいます。この形をどこで切っても、切り口は②□になります。

2 右の図は、球をま２つに切ったところです。この切り口の□にあてはまることばをかきましょう。

教下11ページ1イ　30点(1つ10)

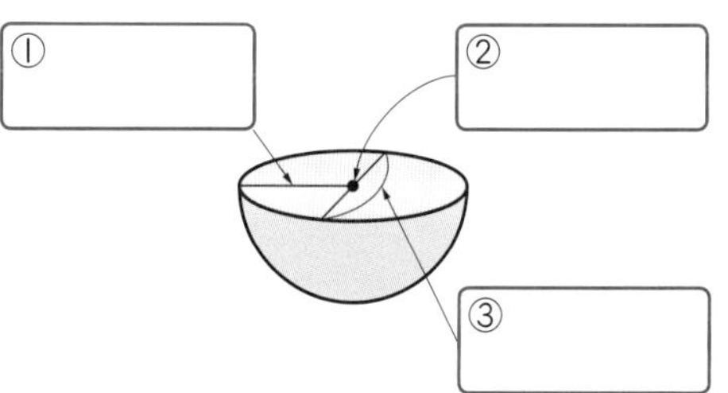

3 □にあてはまることばや数をかきましょう。 教下11ページ3　30点(1つ10)

① 球を［ま２つ］に切ると、切り口がいちばん大きくなります。

② 半径（はんけい）が８cmの球の直径（ちょっけい）は□cmです。

③ 直径が14cmの球の半径は□cmです。

4 下のようにして、球の直径をはかりました。この球の直径は何cmですか。

教下11ページ2　20点

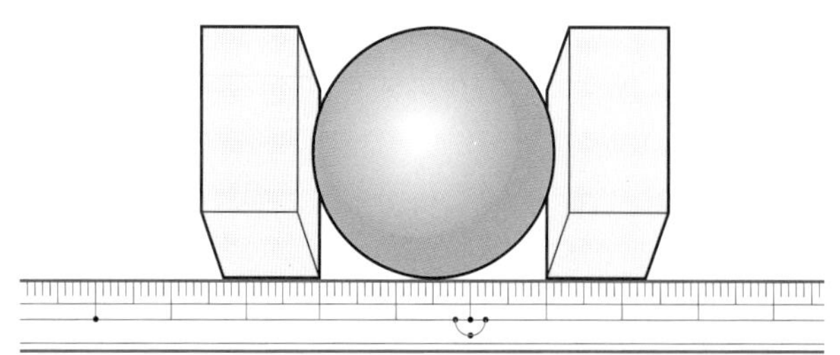

（　　　　　）

時間15分 合かく80点 /100

月　日

サクッとこたえあわせ 答え 89ページ

⑫ 何倍でしょう

1 何倍かをもとめる／2 もとにする大きさをもとめる

[わかっている数りょうをかき、もとめる数りょうを□で表します。]

1 ボールが赤いかごには 8 こ、白いかごには 40 こはいっています。白いかごにはいっているボールの数は、赤いかごにはいっているボールの数の何倍ですか。

教 下14〜15ページ 1　40点（①□1つ5、②式10・答え10）

① 下の図の□にあてはまる数やことばをかきましょう。

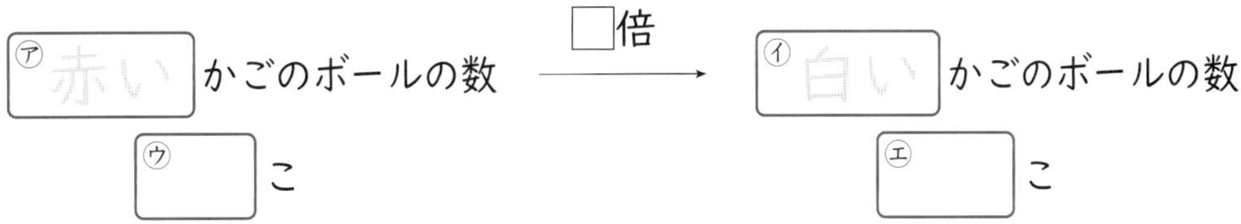

② 図を見て、何倍かもとめる式をかいて、答えをもとめましょう。

式

答え（　　　　）

2 同じ高さの箱をたなにつんでいきます。8 こで、高さ 56cm のたながちょうどいっぱいになりました。この箱 1 こ分の高さは何 cm ですか。

教 下16〜17ページ 1　40点（①□1つ5、②式10・答え10）

① 下の図の□にあてはまる数やことばをかきましょう。

② 図を見て、箱 1 この高さをもとめる式をかいて、答えをもとめましょう。

式

答え（　　　　）

3 リボンがあります。3cm ずつに切ると、ちょうど 9 本できました。はじめのリボンの長さは何 cm でしたか。

教 下17ページ 3　20点（式10・答え10）

図をかくと、
9倍
切ったリボン 3cm → はじめのリボン □cm

式

答え（　　　　）

月　日

サクッとこたえあわせ

答え 89ページ

⑫ 何倍(ばい)でしょう

3　何倍になるかを考えて

[□倍のさらに△倍は、□×△倍と考えることができます。]

1 大、中、小の3しゅるいのふくろがあります。小のふくろには本が3さつはいります。中のふくろには小の2倍、大のふくろには中の4倍はいります。大のふくろには本が何さつはいりますか。 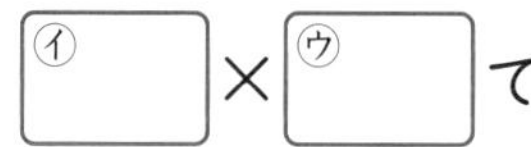

80点(①・②㋐～㋓□1つ10)

① としおさんの考え方

中は小の2倍だから、3×㋐□で

㋑□さつはいります。

大は中の4倍だから、㋑□×㋒□で

㋓□さつはいります。

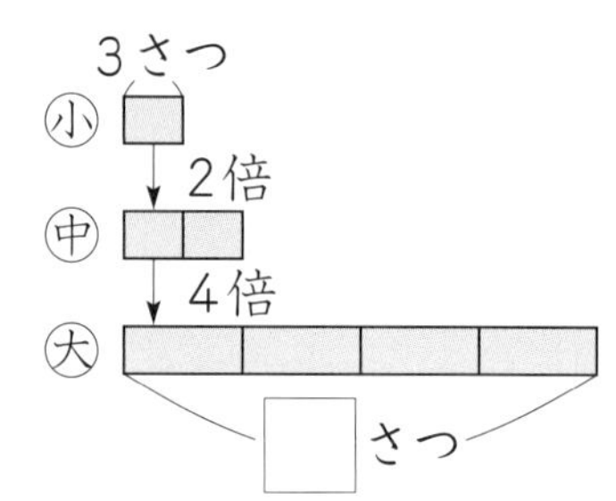

② ゆかさんの考え方

大は小の2倍のさらに㋐□倍だ

から、㋑□×㋒□倍はいります。

だから、大には、3×㋓□で24さつはいります。

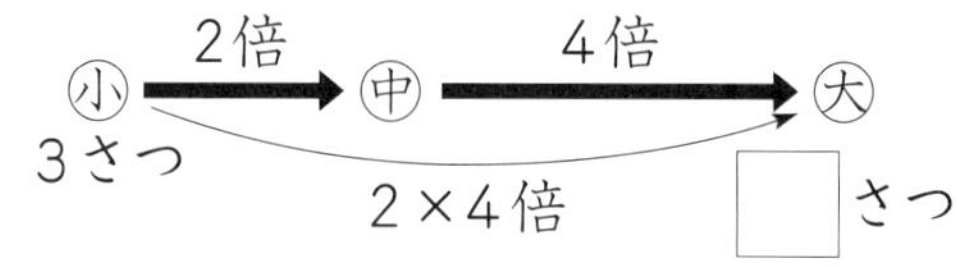

2 10円のチョコレートを1人に2こずつ、3人分買いました。全部(ぜんぶ)で何円ですか。 教 下19ページ 1、2

20点(式10・答え10)

式(しき)

答え（　　　　）

15分　合かく 80点　／100

月　日

サクッと こたえ あわせ

答え 90ページ

⑬ 計算のじゅんじょ

[多くの数をかけるときには、計算するじゅんじょをかえても、答えは同じです。]

1 1ふくろに3こずつドーナツを入れて、1人に2ふくろずつ配(くば)ります。4人に配るとき、ドーナツは何こいりますか。2とおりのしかたでもとめましょう。

教 下20～21ページ1　40点(式10・答え10)

① 先に、1人に何こ配るか考えて計算する

式(しき) 3×□×□＝□

答え（　　　）

② 先に、何ふくろ配るか考えて計算する

式 □×(2×□)＝□

答え（　　　）

2 1まい5円の色紙が1ふくろ2まいはいっています。4ふくろ買うと、全部(ぜんぶ)で何円になりますか。2とおりのしかたでもとめましょう。　教 下21ページ3

40点(式10・答え10)

① 先に、1ふくろ何円か考えて計算する

式

答え（　　　）

② 先に、何まい買うか考えて計算する

式

答え（　　　）

3 □にあてはまる数をかきましょう。　教 下21ページ2　20点(1つ10)

① 2×5×3＝2×(5×□)

② 4×2×4＝4×(□×4)

教科書 下20～21ページ

合かく 80点 ／100

月　日

サクッとこたえあわせ
答え 90ページ

⑭ 1けたをかけるかけ算の筆算（ひっさん）

1 何十・何百のかけ算

[何十、何百のかけ算は、10 や 100 のかたまりで何こになるか考えます。]

1 20×4 の計算のしかたを考えましょう。 教 下23ページ 1 20点（□1つ5）

20 は、10 が ㋐□ こ。

20×4 は、10 が（㋑□ × ㋒□4）こで、

20×4＝㋓□ になります。

20×4

20 ＋ 20 ＋ 20 ＋ 20

2 200×4 の計算のしかたを考えましょう。 教 下23ページ 1 20点（□1つ5）

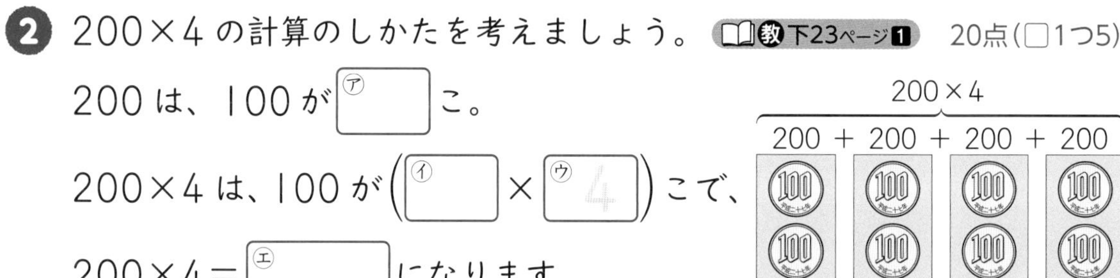

200 は、100 が ㋐□ こ。

200×4 は、100 が（㋑□ × ㋒□4）こで、

200×4＝㋓□ になります。

200×4

200 ＋ 200 ＋ 200 ＋ 200

3 次（つぎ）の計算をしましょう。計算のしかたもかきましょう。 教 下23ページ 2

40点（答え10・しかた10）

① 30×2

答え（　　　）　しかた［　　　］

② 300×2

答え（　　　）　しかた［　　　］

4 次の計算をしましょう。 教 下23ページ 3、4 20点（1つ5）

① 40×2　　② 300×3

③ 80×7　　④ 700×3

教科書 下22～23ページ

合かく 80点　　／100

月　　日

⑭ １けたをかけるかけ算の筆算（ひっさん）
2　(2けた)×(1けた)の筆算　……(1)

[位（くらい）をたてにそろえて、一の位からじゅんに計算します。]

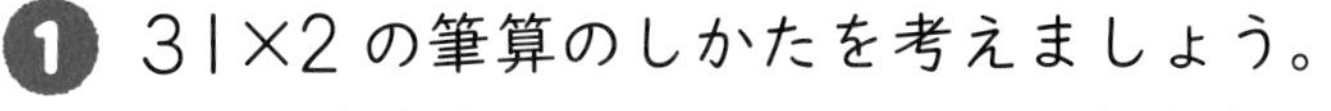

1 31×2 の筆算のしかたを考えましょう。　教 下25ページ3　20点(1つ10)

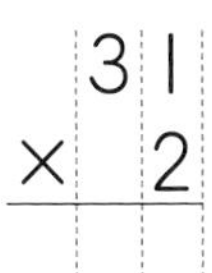

⇨

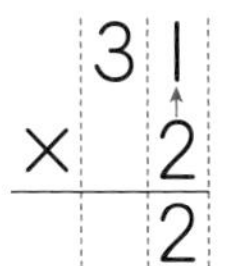

⇨

31
× 2
62

位をそろえてかく。

一の位は、
二一が ①[　　]

十の位は、
二三が ②[　　]

2 筆算でしましょう。　教 下25ページ4　20点(1つ10)

① 32×3

	3	2
×		3

② 20×2

3 17×3 を筆算でしてみましょう。　教 下26ページ5　40点(1つ10)

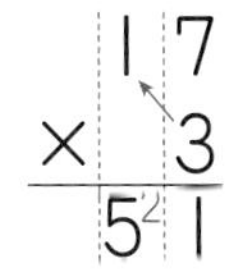

一の位は、三七 21 だから ①[　　] で、
十の位に ②[　　] くり上げる。

十の位は、三一が 3 だから、
くり上げた ③[　　] とで ④[　　]

4 次（つぎ）の計算をしましょう。　教 下26ページ6　20点(1つ5)

① 12 × 6　　② 37 × 2　　③ 16 × 4　　④ 18 × 5

時間 15分　合かく 80点　／100
月　日

答え 90ページ

⑭ 1けたをかけるかけ算の筆算（ひっさん）
2　(2けた)×(1けた)の筆算　……(2)

1 51×7 を筆算でしてみましょう。 教 下27ページ7　30点(1つ10)

$$\begin{array}{r} 51 \\ \times\ \ 7 \\ \hline 7 \end{array} \Rightarrow \begin{array}{r} 51 \\ \times\ \ 7 \\ \hline 357 \end{array}$$

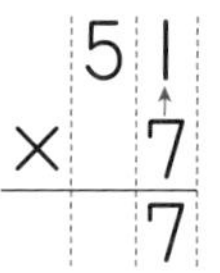

一の位（くらい）は、七一が ①□

十の位は、七五 ②□
百の位に ③□ くり上げる。

2 次（つぎ）の計算をしましょう。 教 下27ページ8　20点(1つ5)

① $\begin{array}{r} 31 \\ \times\ \ 5 \\ \hline \end{array}$　② $\begin{array}{r} 72 \\ \times\ \ 4 \\ \hline \end{array}$　③ $\begin{array}{r} 41 \\ \times\ \ 9 \\ \hline \end{array}$　④ $\begin{array}{r} 40 \\ \times\ \ 6 \\ \hline \end{array}$

3 42×6 を筆算でしてみましょう。 教 下28ページ10　30点(1つ10)

$$\begin{array}{r} 42 \\ \times\ \ 6 \\ \hline {}^{1}2 \end{array} \Rightarrow \begin{array}{r} 42 \\ \times\ \ 6 \\ \hline 2{}^{1}52 \end{array}$$

一の位は、六二 ①□
十の位に ②□ くり上げる。

十の位は、六四 24
くり上げた 1 とで ③□、
百の位に 2 くり上げる。

4 次の計算をしましょう。 教 下28ページ11、12、13　20点(1つ5)

① $\begin{array}{r} 69 \\ \times\ \ 2 \\ \hline \end{array}$　② $\begin{array}{r} 24 \\ \times\ \ 8 \\ \hline \end{array}$　③ $\begin{array}{r} 17 \\ \times\ \ 9 \\ \hline \end{array}$　④ $\begin{array}{r} 35 \\ \times\ \ 6 \\ \hline \end{array}$

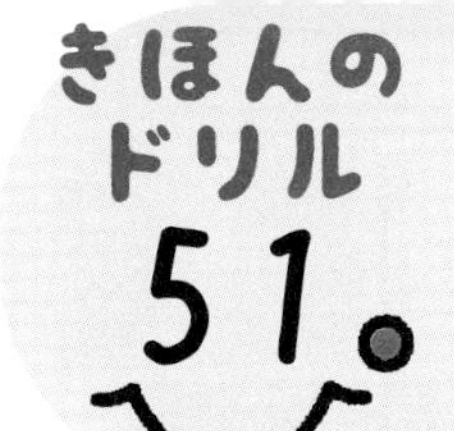

15分
合かく 80点 ／100

月　日

答え 90ページ

⑭ 1けたをかけるかけ算の筆算

3 (3けた)×(1けた)の筆算 ……(1)

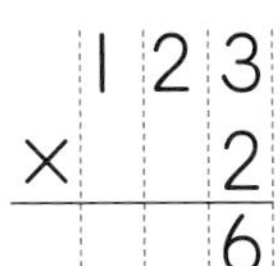

1 123×2 の筆算のしかたを考えましょう。 教 下30ページ1　30点(1つ10)

```
  1 2 3        1 2 3        1 2 3
×     2   ⇨  ×     2   ⇨  ×     2
      6          4 6        2 4 6
```

一の位は、二三が ①［　］　十の位は、二二が ②［　］　百の位は、二一が ③［　］

2 次の計算をしましょう。 教 下30ページ2　70点(1つ10)

① 411×2　② 321×3　③ 110×9

④ 122×3　⑤ 213×3　⑥ 212×4

⑦ 433×2

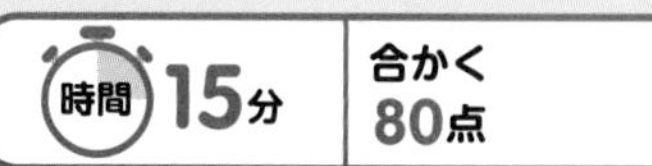
時間 15分

合かく 80点　／100

月　日

⑭ ｜けたをかけるかけ算の筆算

3　(3けた)×(｜けた)の筆算　……(2)

1 495×3 を筆算でしてみましょう。  教 下31ページ 4　30点(1つ10)

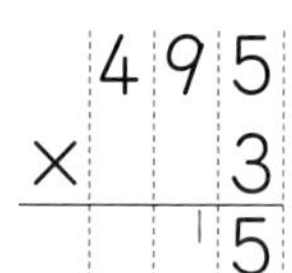

```
  4 9 5
×     3
―――――――
     ¹5
```

一の位は、
三五 15
十の位に ①［　　］
くり上げる。

⇨

```
  4 9 5
×     3
―――――――
   ²8 5
```

十の位は、三九 27
くり上げた
｜とで ②［　　］、
百の位に 2 くり上げる。

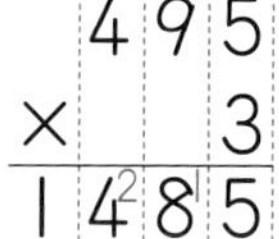

```
  4 9 5
×     3
―――――――
1 4²8 5
```

百の位は、三四 ｜2
くり上げた
2とで ③［　　］、
千の位に ｜ くり上げる。

2 307×4 を筆算でしてみましょう。 教 下31ページ 4　30点(1つ10)

```
  3 0 7
×     4
―――――――
      8
```

一の位は、四七 28
十の位に ①［　　］
くり上げる。

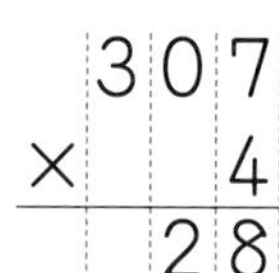

```
  3 0 7
×     4
―――――――
    2 8
```

十の位は、四れいが 0
くり上げた 2とで
②［　　］

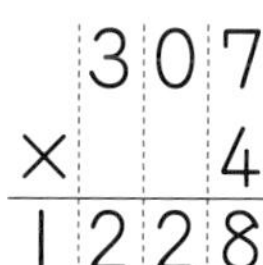

```
  3 0 7
×     4
―――――――
1 2 2 8
```

百の位は、
四三 ③［　　］、
千の位に ｜ くり上げる。

3 次の計算をしましょう。 教 下31ページ 5　30点(1つ5)

① 742 × 6

② 463 × 8

③ 589 × 7

④ 703 × 5

⑤ 401 × 9

⑥ 905 × 6

4 ｜こ 306 円のロールケーキがあります。3 こ買うと何円になりますか。

教 下31ページ 6　10点(式5・答え5)

式

答え (　　　　　)

15分　合かく80点　/100

月　日

⑭ 1けたをかけるかけ算の筆算
4 暗算

[2けたの数字を何十といくつに分けてかけ算します。]

1 24×3 の計算を暗算でしましょう。 教 下32ページ1　40点（全部できて1つ10）

① 24を［20］と［　］に分けて考えます。

② 20×3＝［　］だから、24×3の答えは、［　］より大きくなります。

③ いくつ大きくなるかを考えると、［4］×3＝［　］だけ大きくなります。

④ 24×3の答えは、［　］と［　］をあわせて、［　］です。

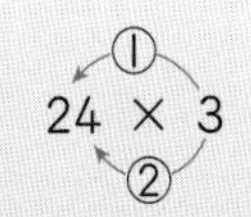

十の位をさきに
計算して、答えの
見当をつけましょう。

2 暗算でしましょう。 教 下32ページ3　60点（1つ5）

① 13×2　② 32×3　③ 22×4

④ 14×6　⑤ 16×3　⑥ 38×2

⑦ 17×4　⑧ 23×4

⑨ 16×5　⑩ 15×4

⑪ 12×8　⑫ 13×7

かんたんなかけ算は、
筆算をしなくても
暗算でできるように
しておこう。

まとめのドリル 54。

時間 15分　合かく 80点　／100

月　日

サクッとこたえあわせ　答え 91ページ

⑭ 1けたをかける かけ算の筆算（ひっさん）

1 □にあてはまる数をかきましょう。 20点（□1つ4）

① 31×2 の答えは、□×2 の答えと 1×□ の答えをあわせた数です。

② 125×4 の答えは、□×4 の答えと 20×□ の答えと 5×□ の答えをあわせた数です。

2 次（つぎ）の計算をしましょう。 40点（1つ5）

① 31 × 7　② 28 × 2　③ 45 × 4　④ 37 × 6

⑤ 121 × 5　⑥ 258 × 4　⑦ 478 × 9　⑧ 602 × 5

3 暗算（あんざん）でしましょう。 20点（1つ5）

① 12×3　② 12×5

③ 11×8　④ 25×3

4 つよしさんは、マラソンの練習（れんしゅう）で 1しゅう 265m の公園を 3しゅう走りました。全部（ぜんぶ）で何 m 走りましたか。 20点（式10・答え10）

式（しき）

答え（　　　）

教科書 下22〜33ページ

時間 15分 合かく 80点 /100 月 日

⑮ 式(しき)と計算

[(●＋▲)×■＝(●×■)＋(▲×■)という計算のきまりがあります。]

1 Ⅰこ30円のあめを8こと、40円のクッキーを8こ買いました。代金(だいきん)は、あわせて何円ですか。2とおりのもとめ方で考えましょう。 教 下34～35ページ1

40点(□1つ5・答え5)

① あめとクッキーをⅠ組にして考えましょう。

㋐ あめⅠことクッキーⅠこをⅠ組とすると、

Ⅰ組の代金はあわせて(30＋□)円です。

㋑ 8組分の代金をもとめる式は、(30＋□)×□＝□

② あめの代金とクッキーの代金をべつべつに考えましょう。

㋐ あめ8こ分の代金は、(30×8)円です。

クッキー8こ分の代金は、(40×□)円です。

㋑ あめ8こ分とクッキー8こ分の代金をもとめる式は、

(30×8)＋(40×□)＝□

③ ①、②どちらの式も、答えは同じになります。 **答え** (　　　　)

2 600mLのりんごジュースが4本と、400mLのオレンジジュースが4本あります。それぞれジュース4本分では、ちがいは何mLですか。 教 下37ページ2

40点(式10・答え10)

① それぞれジュースⅠ本では、ちがいは何mLですか。

式 **答え** (　　　　)

② ジュース4本分では、ちがいは何mLですか。

式 **答え** (　　　　)

3 次(つぎ)の□にあてはまる数をかきましょう。 教 下37ページ3

20点(全部(ぜんぶ)できて1つ10)

① (Ⅰ8＋Ⅰ2)×5＝(Ⅰ8×□)＋(Ⅰ2×□)

② (Ⅰ5－4)×5＝(□×5)－(□×5)

合かく 80点 ／100

月　日

⑯ 分　数

1　あまりの大きさの表し方

［$\frac{1}{2}$ や $\frac{2}{3}$ のような分数は、「1 を何等分（なんとうぶん）した大きさの何こ分か」を表しています。］

1 あまりの大きさの表し方を考えます。□にあてはまる数をかきましょう。 教 下39ページ1　30点(1つ10)

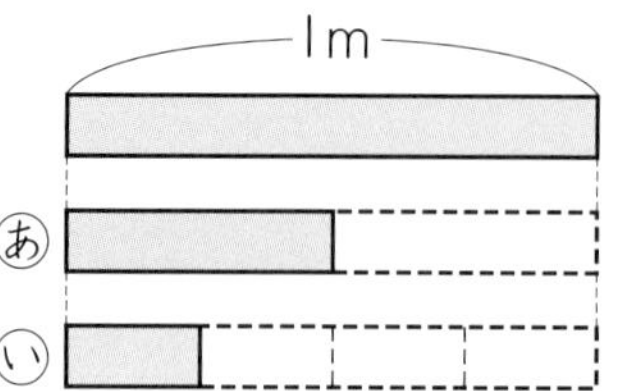

あの長さは、1mのテープを ① □ 等分した1こ分の長さで、1mの ② $\frac{1}{2}$ です。

いの長さは、1mの ③ $\frac{1}{4}$ です。

2 色をぬったところの長さを、分数を使（つか）ってかきましょう。 教 下40ページ3　30点(1つ10)

① 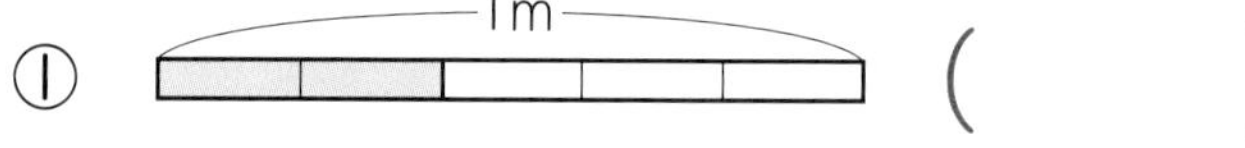

（　　　）

② 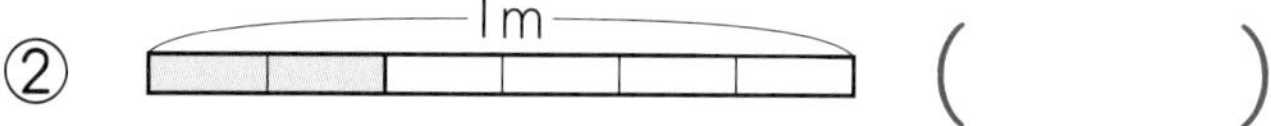

（　　　）

③ 1m（　　　）

何等分されているかを数えてみよう。

3 次（つぎ）の水のかさを、分数を使ってかきましょう。 教 下42ページ7、9　20点(1つ10)

①（　　　）　②（　　　）

4 次のかさと長さを、分数を使ってかきましょう。 教 下42ページ10　20点(1つ10)

① $\frac{1}{10}$ L の 7 こ分のかさ　（　　　）

② 1km を 7 等分した 4 こ分の長さ　（　　　）

教科書 下38～42ページ

月　日

⑯ 分数
2　分数の大きさ ……(1)

［$\frac{2}{5}$は、$\frac{1}{5}$を2こ集めた数です。］

1 下の図は、1を4等分したものです。あ、いの大きさを表す分数をかきましょう。 教 下43ページ1　20点(1つ10)

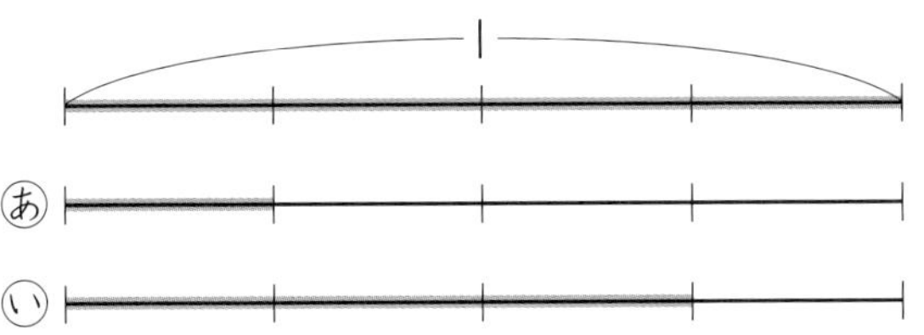

あ(　　　)　い(　　　)

2 □にあてはまる数をかきましょう。 教 下43ページ2、3　30点(全部できて1つ10)

① $\frac{6}{9}$は、$\frac{1}{9}$を□こ集めた数です。

② $\frac{1}{7}$を5こ集めた数は□です。

③ $\frac{1}{7}$を7こ集めた数は□で、これは□のことです。

3 次の分数を数直線の上に表しましょう。 教 下44ページ4、5　30点(1つ10)

$\frac{3}{5}$、$\frac{5}{5}$、$\frac{7}{5}$

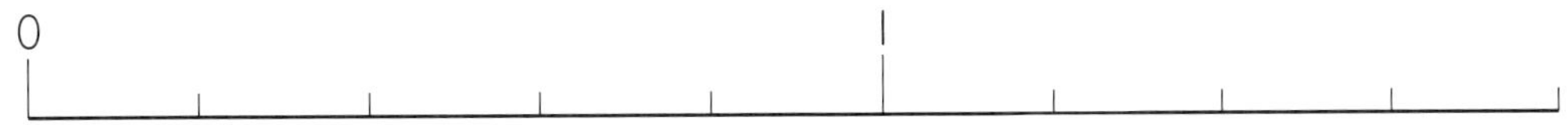

4 下の数直線で、ア、イにあたる分数をかきましょう。 教 下44ページ6　20点(1つ10)

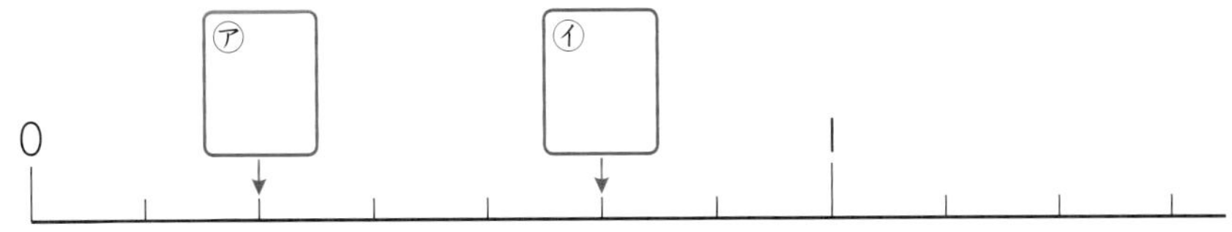

合かく 80点 ／100

月　日

⑯ 分数
2 分数の大きさ ……(2)

[分数の大きさを、数直線の上に表(あらわ)してくらべます。]

1 □にあてはまる数やことばをかきましょう。 教 下45ページ1

35点(㋐〜㋖□1つ5)

$\frac{1}{5}$と$\frac{4}{5}$の大きさをくらべます。

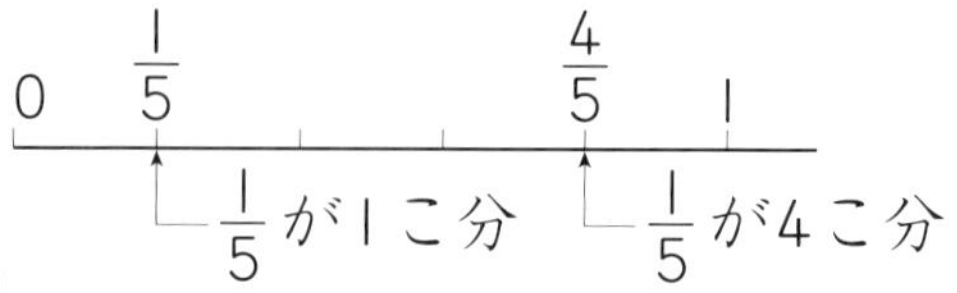

(数直線：0, $\frac{1}{5}$, $\frac{4}{5}$, 1　$\frac{1}{5}$が1こ分　$\frac{1}{5}$が4こ分)

数直線の上の数は、右にいくほど大きくなるから、㋐□のほうが㋑□より大きい。

大きい小さいを表すしるし㋒ >、㋓ <を使(つか)うと、$\frac{1}{5}$ ㋓□ $\frac{4}{5}$と表せます。このしるしを㋔ 不等号といいます。

$\frac{5}{5}$と1は、等(ひと)しいことを表すしるしを使って、$\frac{5}{5}$ ㋕ = 1と表せます。

このしるしを㋖ 等号といいます。

2 $\frac{2}{8}$と$\frac{6}{8}$では、どちらが大きいですか。数直線の上に表してくらべましょう。

教 下45ページ1　35点(数直線20・答え15)

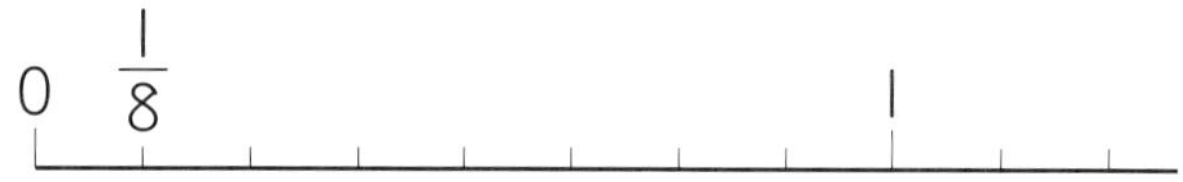

(数直線：0, $\frac{1}{8}$, 1)

答え (　　　)のほうが大きい。

3 次(つぎ)の数の大小を、等号(とうごう)や不(ふ)等号を使って式(しき)にかきましょう。 教 下45ページ2、3

30点(1つ10)

① $\frac{4}{7}$ □ $\frac{3}{7}$　② 1 □ $\frac{6}{6}$

③ $\frac{8}{9}$ □ 1

教科書 下45ページ

合かく 80点　／100

月　日

⑯ 分　数

3　分数のたし算・ひき算 ……(1)

[分数のたし算は、それぞれ等分(とうぶん)したものを合わせると何こになるかを考えます。]

1 水$\frac{1}{4}$Lと$\frac{2}{4}$Lをあわせると何Lですか。計算のしかたを考えましょう。

教 下46ページ1　40点(□1つ5・答え5)

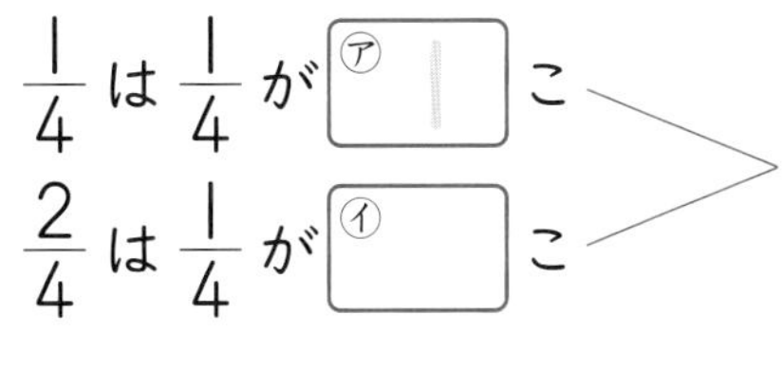

$\frac{1}{4}$は$\frac{1}{4}$が㋐□こ
$\frac{2}{4}$は$\frac{1}{4}$が㋑□こ

あわせて、$\frac{1}{4}$が(㋒□＋㋓□)こなので、㋔□になります。

式(しき)にかくと、$\frac{1}{4}$ ㋕□ $\frac{2}{4}$ ＝ ㋖□　　答え(　　　)

2 お茶が、水とうに$\frac{2}{7}$L、ペットボトルに$\frac{3}{7}$Lはいっています。あわせて何Lありますか。　教 下46ページ1　20点(式10・答え10)

式

答え(　　　)

3 次(つぎ)の計算をしましょう。　教 下46ページ2、3　40点(1つ5)

① $\frac{1}{6}+\frac{1}{6}$　　② $\frac{2}{5}+\frac{2}{5}$

③ $\frac{4}{7}+\frac{3}{7}$　　④ $\frac{2}{9}+\frac{3}{9}$

⑤ $\frac{2}{6}+\frac{1}{6}$　　⑥ $\frac{1}{8}+\frac{6}{8}$

⑦ $\frac{4}{9}+\frac{4}{9}$　　⑧ $\frac{6}{10}+\frac{4}{10}$

合かく 80点　／100

⑯ 分　数

3　分数のたし算・ひき算 ……(2)

[分数のひき算は、等分(とうぶん)したものの中から、何こをひくかを考えます。]

1 水 $\frac{3}{4}$ L のうち $\frac{1}{4}$ L を飲(の)みました。のこりは何 L ですか。計算のしかたを考えましょう。　教 下47ページ 4　50点(□1つ5・答え15)

$\frac{3}{4}$ は $\frac{1}{4}$ が ㋐[3] こ、$\frac{1}{4}$ は $\frac{1}{4}$ が ㋑[　] こ。

のこりは、$\frac{1}{4}$ が (㋒[　] − ㋓[　]) こなので、㋔[　] になります。

式(しき)にすると、$\frac{3}{4}$ ㋕[−] $\frac{1}{4}$ = ㋖[　]

答え（　　　）

2 次(つぎ)の計算をしましょう。　教 下47ページ 5、6　50点(1つ5)

① $\frac{2}{5}-\frac{1}{5}$　② $\frac{3}{6}-\frac{2}{6}$

③ $\frac{7}{8}-\frac{2}{8}$　④ $\frac{4}{9}-\frac{3}{9}$

⑤ $\frac{6}{7}-\frac{4}{7}$　⑥ $\frac{8}{10}-\frac{5}{10}$

⑦ $1-\frac{1}{2}$　⑧ $1-\frac{1}{3}$

⑨ $1-\frac{5}{7}$　⑩ $1-\frac{9}{10}$

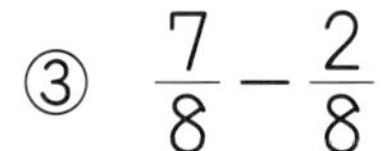

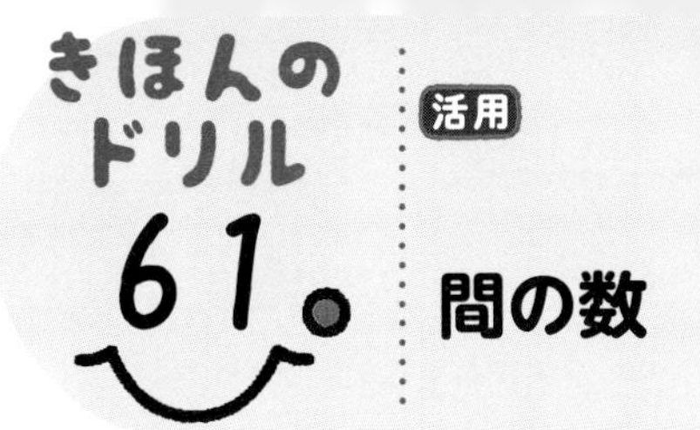

活用

間の数

月　日

1 ステージの上に 10 人が、1 列にならんでいます。みかさんは右から 2 番目で、あきらさんは左から 3 番目です。 教 下50ページ 1

30点（①全部できて10、②式10・答え10）

① みかさんとあきらさんのところの○に色をぬりましょう。

〔左〕  〔右〕

○　○　○　○　○　○　○　○　○　○

② みかさんとあきらさんの間には何人いますか。

式

答え（　　　　）

2 6 本の木を 1 列にならべて植えました。木は 4m ずつはなれています。

教 下51ページ 3 30点（①10、②式10・答え10）

① 木と木の間はいくつありますか。

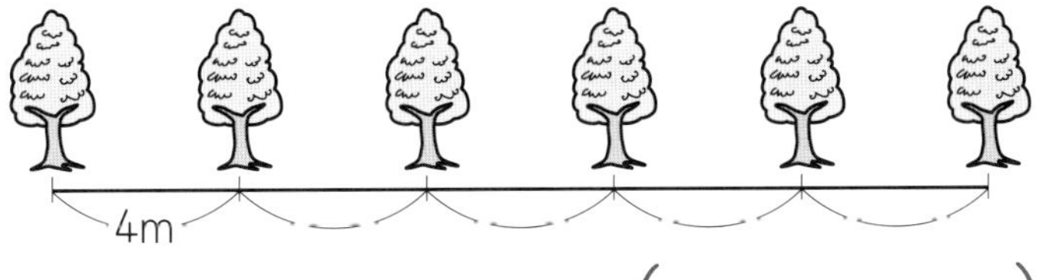

（　　　　）

木と木の間の数は、木の数より1つ少ないね。

② 両はしの木の間は何 m ですか。

式

答え（　　　　）

ミスに注意！

3 花だんに、花のたねを 1 列にならべて 7 つぶまきました。たねとたねの間は 5cm はなれています。両はしのたねの間は何 cm ですか。

教 下51ページ 4 40点（式20・答え20）

式

答え（　　　　）

教科書 下50〜51ページ

62 長　さ／あまりのあるわり算／重(おも)　さ　円と球(きゅう)

時間 15分　合かく 80点　／100

月　日

サクッとこたえあわせ　答え 93ページ

1 □にあてはまる数をかきましょう。　20点(全部(ぜんぶ)できて1つ5)

① 2km＝□m　② 8600m＝□km□m

③ 3km900m＋200m＝□km□m

④ 1km－500m＝□m

2 あまりを考えて計算をして、答えをたしかめましょう。　30点(答え5・たしかめ5)

① 20÷6
答え（　　）　たしかめ（　　）

② 39÷5
答え（　　）　たしかめ（　　）

③ 58÷8
答え（　　）　たしかめ（　　）

3 じゃがいもが 1kg600g、にんじんが 800g あります。　20点(式5・答え5)

① じゃがいもとにんじんをあわせた重さは何 kg 何 g ですか。

式(しき)

答え（　　）

② じゃがいもとにんじんの重さのちがいは何 g ですか。

式

答え（　　）

4 □にあてはまる数やことばをかきましょう。　30点(1つ10)

① 円のまん中の点を円の□といいます。

② 半径(はんけい)が 8cm の円の直径(ちょっけい)は□cm です。

③ 球を切った切り口の形は□です。

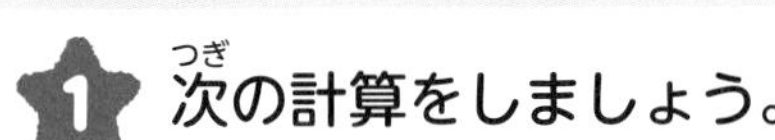

何倍でしょう／１けたをかけるかけ算の筆算／分　数

時間 15分　合かく 80点　／100

月　日

サクッとこたえあわせ

答え 93ページ

1 次の計算をしましょう。　40点(1つ5)

① $\begin{array}{r} 23 \\ \times\ \ 6 \\ \hline \end{array}$　② $\begin{array}{r} 62 \\ \times\ \ 5 \\ \hline \end{array}$　③ $\begin{array}{r} 43 \\ \times\ \ 4 \\ \hline \end{array}$　④ $\begin{array}{r} 57 \\ \times\ \ 3 \\ \hline \end{array}$

⑤ $\begin{array}{r} 241 \\ \times\ \ \ \ 3 \\ \hline \end{array}$　⑥ $\begin{array}{r} 306 \\ \times\ \ \ \ 5 \\ \hline \end{array}$　⑦ $\begin{array}{r} 763 \\ \times\ \ \ \ 7 \\ \hline \end{array}$　⑧ $\begin{array}{r} 349 \\ \times\ \ \ \ 9 \\ \hline \end{array}$

2 コロッケを１日に245こ売ります。まい日同じ数だけ売ると、３日間では何こ売ることになりますか。　10点(式5・答え5)

式

答え（　　　　）

3 赤、白、黄のチューリップがあります。赤のチューリップは15本です。　20点(式5・答え5)

① 赤のチューリップの本数の３倍が白のチューリップの本数です。白のチューリップは何本ですか。

式

答え（　　　　）

② 黄のチューリップの本数の５倍が白のチューリップの本数です。黄のチューリップは何本ですか。

式

答え（　　　　）

4 次の計算をしましょう。　30点(1つ5)

① $\frac{2}{7}+\frac{3}{7}$　② $\frac{5}{9}+\frac{2}{9}$　③ $\frac{4}{5}-\frac{1}{5}$

④ $\frac{7}{10}-\frac{2}{10}$　⑤ $\frac{5}{8}+\frac{3}{8}$　⑥ $1-\frac{1}{2}$

時間 15分 | 合かく 80点 | /100

月　日

⑰ 三角形

1 二等辺三角形と正三角形 ……(1)

[辺の長さに目をつけて、二等辺三角形と正三角形に分けます。]

1 □にあてはまることばをかきましょう。 教 下57～58ページ1 40点(1つ20)

① 2つの辺の長さが等しい三角形を［二等辺三角形］といいます。

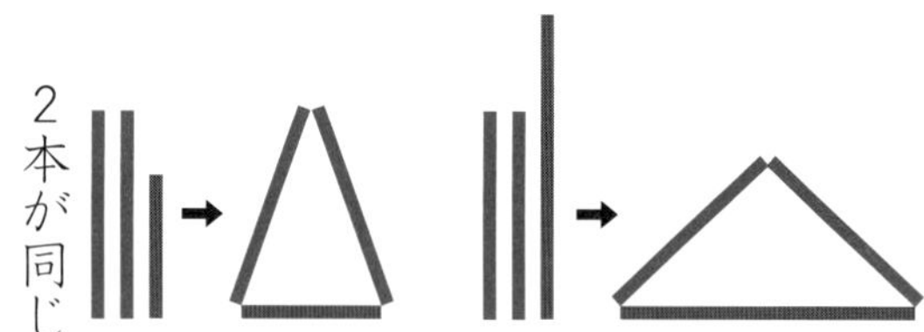

② 3つの辺の長さがみんな等しい三角形を［正三角形］といいます。

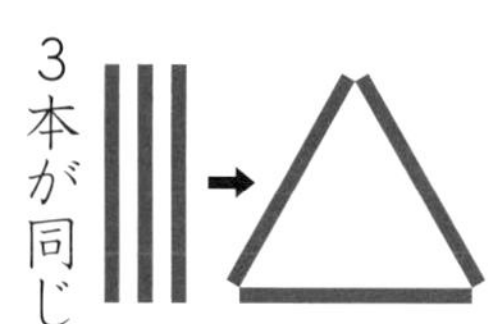

2 コンパスを使って、二等辺三角形や正三角形をみつけて、あ～かの記号でかきましょう。また、二等辺三角形や正三角形になるわけをかきましょう。 教 下58ページ2 60点(記号15・わけ15)

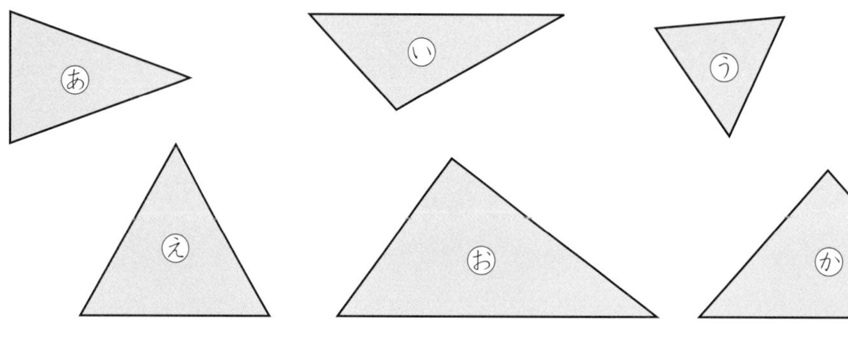

① 二等辺三角形 (　　　　　)

わけ (　　　　　　　　　　　　　　　　　　　　)

② 正三角形 (　　　　　)

わけ (　　　　　　　　　　　　　　　　　　　　)

教科書 下56～58ページ

合かく 80点　／100

月　日

⑰ 三角形

1 二等辺三角形と正三角形 ……(2)

1 じょうぎとコンパスを使って、次の三角形をかきましょう。

教 下59ページ 1、2　40点(1つ20)

① 辺の長さが 5cm、3cm、3cm の二等辺三角形

② 辺の長さが 5cm の正三角形

2 円と半径を使って、二等辺三角形と正三角形をかきましょう。

教 下60ページ 1、△2　60点(1つ30)

① 円の中心と円のまわりをつないで、二等辺三角形をかいてみましょう。

円の半径はどれも同じ長さだから、2つの半径を辺とする三角形をつくります。

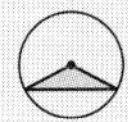

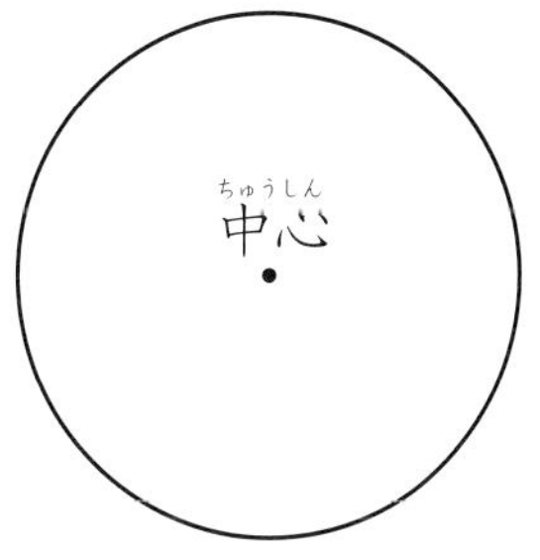

② 半径が同じ 2 つの円の中に、2 つの円の中心をつないで、正三角形をかいてみましょう。

中心と中心をつなげた直線を1つの辺とすると…

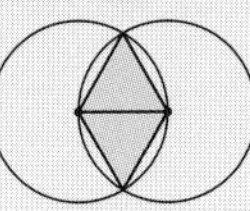

正三角形が2つできるね。

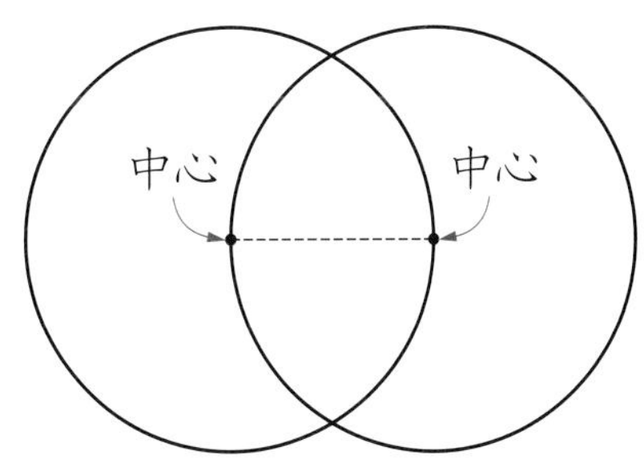

教科書 下59～60ページ

きほんのドリル
66。

合かく
80点
/100

⑰ 三角形

2 角

[二等辺三角形と正三角形の角のとくちょうをおぼえます。]

1 次の□にあてはまることばをかきましょう。 教 下62〜63ページ 1

25点(1つ5)

・|つのちょう点から出ている2つの ① 辺 が

つくるあの形を ② 角 といいます。

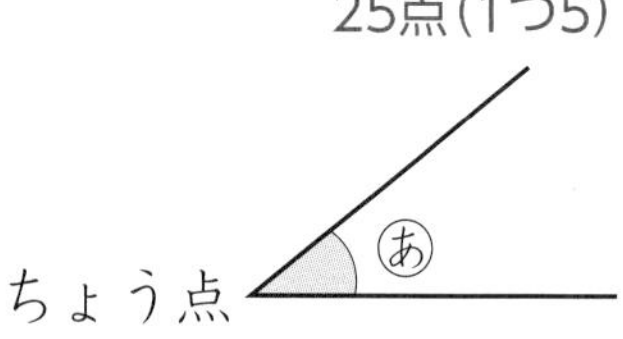

・角の大きさは、角をつくる2つの ③ の開きぐあいでくらべます。

・二等辺三角形では、 ④ つの角の大きさが等しくなっています。

・正三角形では、 ⑤ つの角の大きさがみんな等しくなっています。

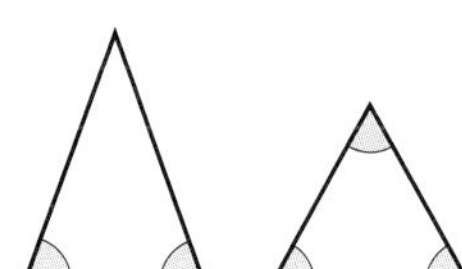

2 右の2つの三角じょうぎについて、次の問いに答えましょう。 教 下64ページ 2、4

60点(1つ12)

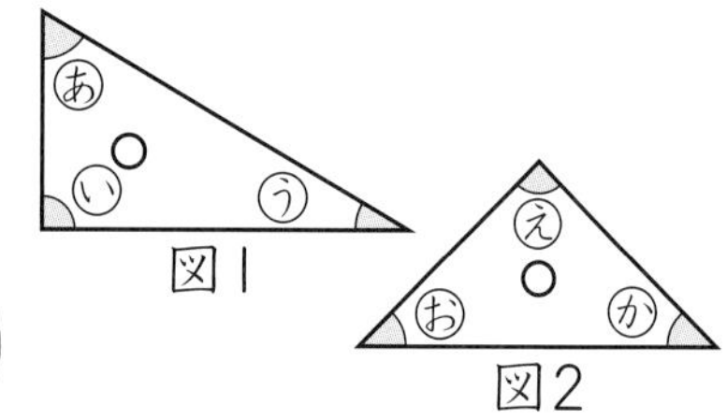

① 直角になっている角は、どれですか。

( )

② 角の大きさが等しいのは、どれとどれですか。

( )

③ 角の大きさがいちばん小さい角はどれですか。 ( )

④ 図|の三角じょうぎを2まいならべると、何という三角形ができますか。2つ書きましょう。 ( )

⑤ 図2の三角じょうぎを2まいならべると、何という三角形ができますか。

( )

3 おり紙で、同じ大きさの三角形を作り、しきつめて、もようを作りました。あは、何という三角形ですか。

教 下65ページ 1 15点

( )

あ

合かく 80点　　／100

⑱ 小　数

1　あまりの大きさの表し方

［1Lを10等分した1こ分(1dL)のかさを0.1Lといいます。］

1 右の水のかさを表しましょう。  教 下69ページ1　 25点(□1つ5)

・水のかさは、1Lと ㋐ $\frac{2}{10}$ Lです。

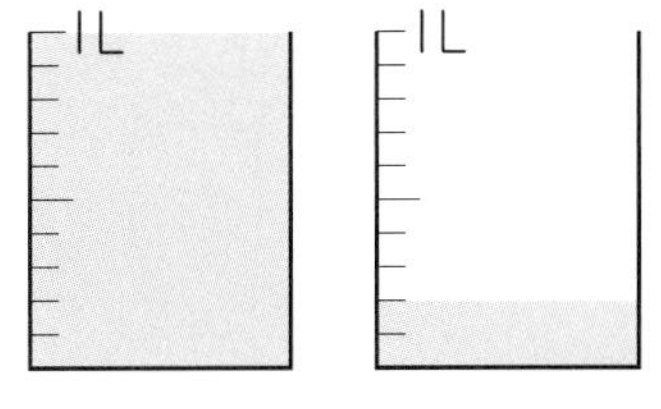

・1Lの $\frac{1}{10}$ のかさを、㋑ 0.1 L(れい点一リットル)といい、このような数を小数といいます。

・$\frac{2}{10}$ Lは、0.1Lの ㋒ こ分で、㋓ Lです。

・1Lと0.2Lをあわせたかさを、㋔ L(一点二リットル)と表します。

2 テープの長さは、何cmといえばよいですか。 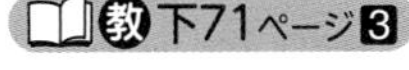 教 下71ページ3　25点(□1つ5)

1mmは、㋐ $\frac{1}{10}$ cmで、㋑ 0.1 cm

8mmは、0.1cmの ㋒ こ分で、㋓ cm

7cm8mmは、㋔ cm

3 □にあてはまる数をかきましょう。  教 下71ページ5　50点(全部できて1つ10)

① 3cm9mm＝□cm　　② 4.6cm＝□cm□mm

③ 3dL＝□L　　④ 6L4dL＝□L

⑤ 8.3L＝□L□dL

0.1Lは $\frac{1}{10}$ Lで、1dLだよ。

教科書 下68～71ページ

時間 15分　合かく 80点　/100

月　日

サクッとこたえあわせ　答え 94ページ

⑱ 小　数

2　小数の大きさ

[1は0.1を10こ集めた数です。]

1 4.2は、1を何こと0.1を何こあわせた数ですか。また、0.1を何こ集めた数ですか。 教 下72ページ1　15点(□1つ5)

㋐ 1を［4］こと0.1を［　］こ　㋑ 0.1を［　］こ

2 下の数直線で、㋐、㋑、㋒、㋓にあたる数をかきましょう。 教 下73ページ4　20点(1つ5)

0　1　2　3　4

㋐(　　)　㋑(　　)　㋒(　　)　㋓(　　)

3 次の数をかきましょう。 教 下72ページ2　10点(1つ5)

① 0.1を26こ集めた数　(　　)

② 0.1を9こ集めた数　(　　)

4 0.5と$\frac{6}{10}$では、どちらが大きいですか。 教 下74ページ1　15点(□1つ5)

右の数直線でくらべてみると、右にあるのは［　］なので、［　］のほうが大きい。

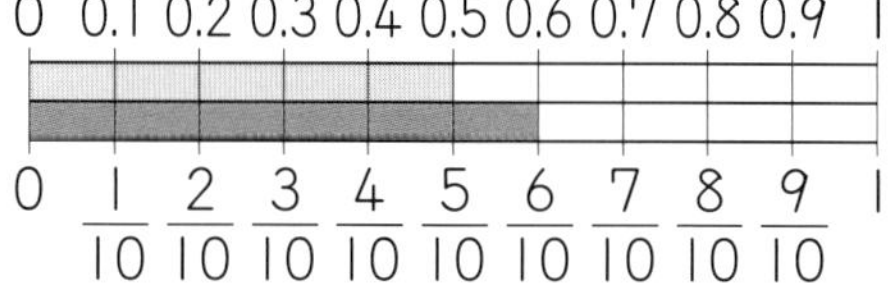

不等号で表すと、0.5［　］$\frac{6}{10}$

5 次の□に、等号や不等号をかきましょう。 教 下73ページ5、74ページ2　40点(1つ10)

① 1.2［　］1.5　② 0.8［　］1

③ 0.4［　］$\frac{6}{10}$　④ $\frac{3}{10}$［　］0.3

答え 94ページ

⑱ 小　数

3　小数のたし算・ひき算　……(1)

[小数のたし算、ひき算は、0.1 が何こになるかを考えて計算します。]

1 2つのびんに水がそれぞれ 0.5L と 0.3L はいっています。

教 下75ページ1、76ページ5　40点(□1つ5)

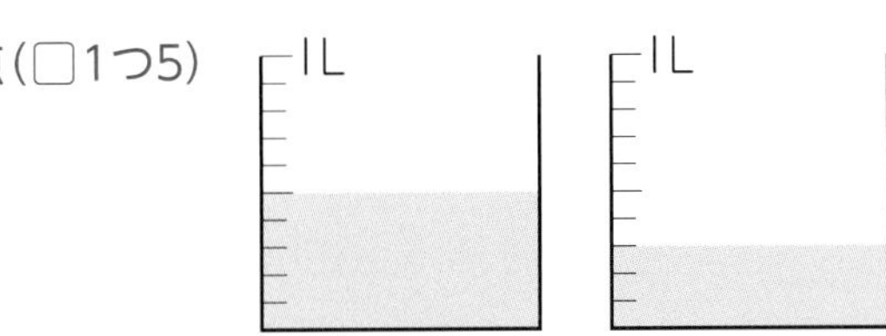

① あわせて何Lですか。

計算のしかたを考えましょう。

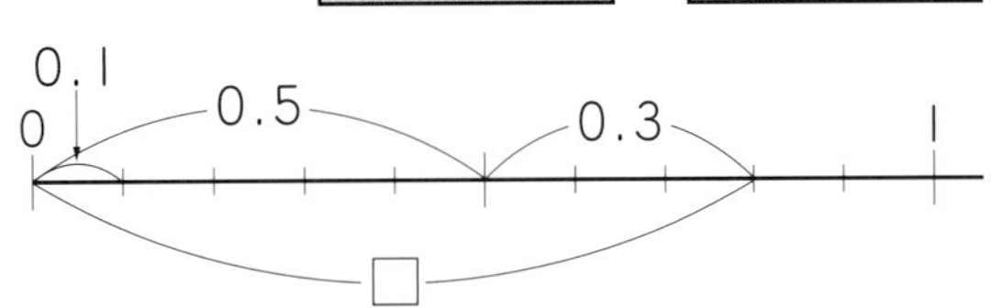

0.5 は、0.1 が 5 こ、

0.3 は、0.1 が ㋑□ こ。

あわせて、0.1 が (5＋㋒□) こ。　答え ㋓□ L

② ちがいは何Lですか。

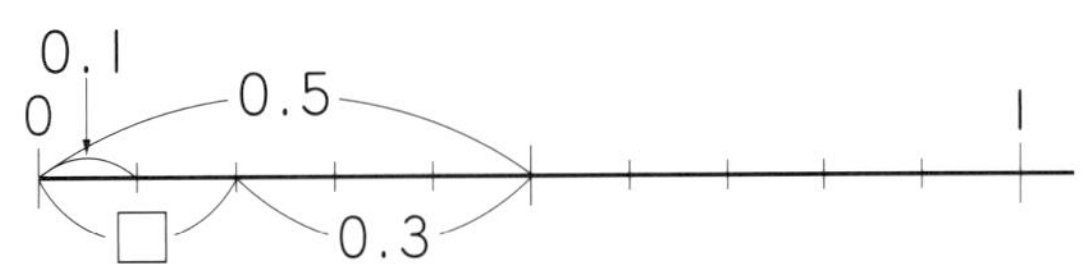

式 ㋐□

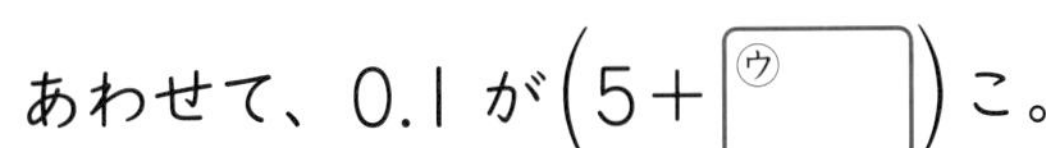

ちがいは、0.1 が (㋑□ − ㋒□) こ。　答え ㋓□ L

2 次(つぎ)の計算をしましょう。 教 下75ページ3、4、76ページ7、8　60点(1つ5)

① 0.2＋0.5　② 0.3＋0.2　③ 0.6＋0.4

④ 0.4＋0.8　⑤ 1.5＋0.9　⑥ 2.3＋0.7

⑦ 0.5−0.2　⑧ 0.7−0.3　⑨ 1−0.6

⑩ 3.3−0.4　⑪ 9.5−0.5　⑫ 6−0.9

時間 15分 合かく 80点 /100

月　日

⑱ 小数

3 小数のたし算・ひき算 ……(2)

[小数の筆算は、整数の筆算と同じように、位をたてにそろえて計算します。]

1 2.6+3.2 と 4.7−2.3 の計算のしかたを考えましょう。

教 下77ページ 1、2　40点(全部できて1つ10)

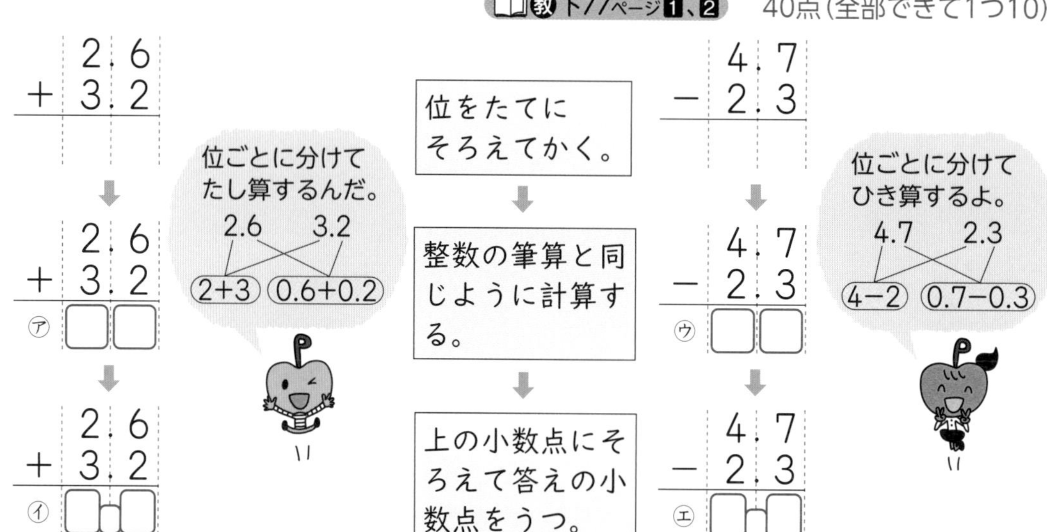

2 次の計算をしましょう。　教 下77ページ 3、4、78ページ 6　60点(1つ5)

① $3.2 + 1.3$

② $6.5 + 2.7$

③ $7.3 + 3.4$

④ $5.8 + 2$

⑤ $7 + 3.9$

⑥ $5.3 + 6.7$

⑦ $8.6 - 5.1$

⑧ $9 - 5.6$

⑨ $5.6 - 3$

⑩ $6.4 - 1.4$

⑪ $3.1 - 2.9$

⑫ $7.2 - 6.8$

合かく 80点 /100

月　日

⑲ 2けたをかけるかけ算の筆算(ひっさん)

1　何十をかけるかけ算

[何十をかける計算は、ある数をかけたあと、10倍(ばい)して考えます。]

1 1こ 32 円のあめを買います。 教 下85ページ1

50点(①式15・答え10、②㋐・㋑□1つ5、㋒5)

の10こ分

① 2こ買うと何円になりますか。

式(しき)

答え (　　　　)

② 20こ買うと何円になりますか。

㋐ 式をかきましょう。

32×□

㋑ ㋐の答えは、あめ2こ分を1組とすると、□組分のねだんだから、次(つぎ)の式でもとめられます。

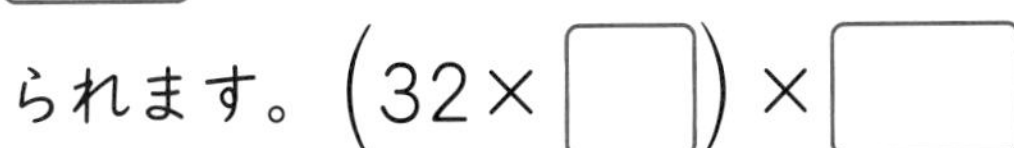

(32×□)×□

㋒ ㋐の答えをもとめましょう。　答え (　　　　)

2 □にあてはまる数をかきましょう。 教 下85ページ2　10点

47×30 の答えは、47×3 の答えを□倍した数です。

3 次の計算をしましょう。 教 下85ページ3、4　40点(1つ5)

① 11×50　② 13×30

③ 26×30　④ 37×40

⑤ 59×70　⑥ 48×90

⑦ 25×60　⑧ 40×60

時間15分　合かく80点　/100　月　日

答え 95ページ　サクッとこたえあわせ

⑲ 2けたをかけるかけ算の筆算

2 (2けた)×(2けた) の筆算

[2けたをかける筆算は、かける数の十の位をかけていくとき、十の位からかいていきます。]

1 31×23 の計算のしかたを考えましょう。　教 下86ページ 1

65点(①㋐～㋔□1つ10、②全部できて15)

① 23を ㋐20 と ㋑3 に分けると、次のように計算できます。

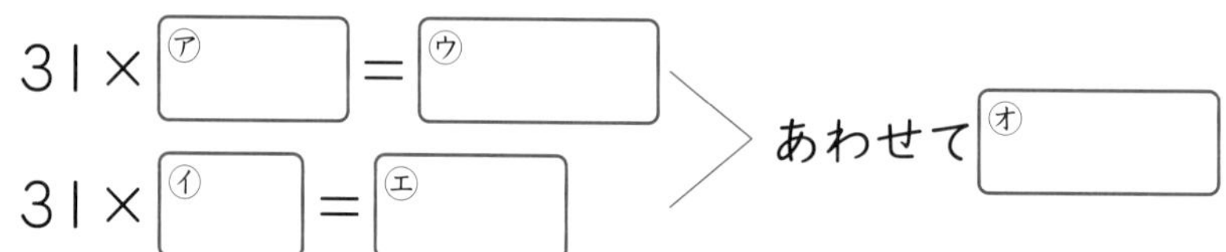

31×㋐□＝㋒□
31×㋑□＝㋓□
あわせて ㋔□

② 筆算は次のようになります。

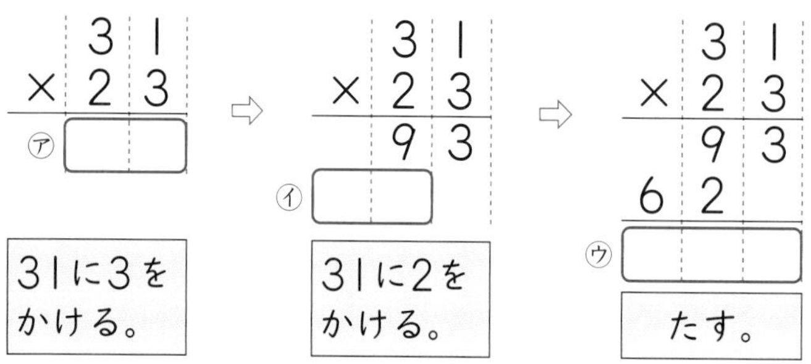

31に3をかける。　31に2をかける。　たす。

2 43×57 を筆算で下のように計算してもとめました。どのような計算をしたか式をかきましょう。　教 下87ページ 3

15点(1つ5)

```
   43
  ×57
  301 ←①
 215  ←②
 2451 ←③
```

① (　　　　)

② (　　　　)

③ (　　　　)

3 次の計算をしましょう。　教 下86ページ 4、87ページ 5、6

20点(1つ5)

① 14×22　② 83×26　③ 60×24　④ 53×30

合かく 80点　/100

月　日

⑲ 2けたをかけるかけ算の筆算(ひっさん)

3　(3けた)×(2けた)の筆算

1 321×23 の計算のしかたを考えましょう。 教 下89ページ1

70点(①㋐～㋔□1つ10、②全部(ぜんぶ)できて20)

① 23を ㋐[20] と ㋑[3] に分けると、次(つぎ)のように計算できます。

321×㋐□＝㋒□
321×㋑□＝㋓□
あわせて ㋔□

321×20は
321×2の10倍(ばい)と考えて
計算しましょう。

② 筆算は次のようになります。

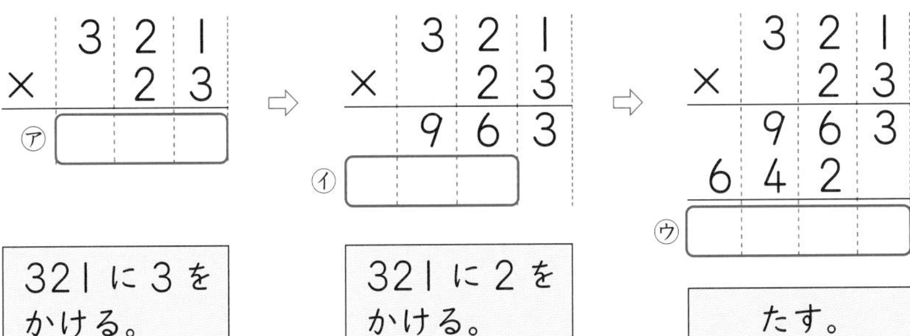

321に3をかける。　321に2をかける。　

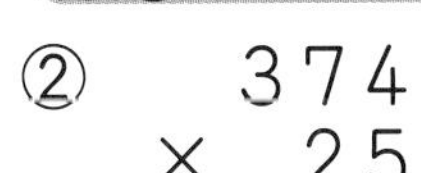

2 次の計算をしましょう。 教 下89ページ2　30点(1つ6)

① 252 × 32

② 374 × 25

③ 389 × 42

④ 700 × 43

⑤ 405 × 52

(2けた)×(2けた)
のときと同じだね。

合かく 80点 ／100

月　日

⑲ 2けたをかけるかけ算の筆算

1 次の計算をしましょう。　20点(1つ5)

① 13×20　② 34×30

③ 47×50　④ 70×60

2 次の計算をしましょう。　40点(1つ5)

① 12×21　② 38×70　③ 43×26　④ 51×49

⑤ 64×73　⑥ 192×13　⑦ 584×62　⑧ 300×29

3 みかんが1箱に42こはいっています。17箱では、全部で何こになりますか。　20点(式10・答え10)

式

答え（　　　　）

4 長さ28cmのひもを34本つくります。ひもは、全部で何cmいりますか。　20点(式10・答え10)

式

答え（　　　　）

教科書 下84～91ページ

15分　合かく 80点　／100

月　日

⑳ □を使った式 ……(1)

[□＋4＝16 のような式の□にあてはまる数をもとめます。]

1 ケーキが1箱と、ばらで2こあります。 教 下93ページ1、94ページ3

40点(①10、②□1つ5)

① ケーキの数は全部で14こになるそうです。1箱のケーキの数を□こ として、式にかきましょう。

ことばの式……1箱の数 ＋ ばらの数 ＝ 全部の数

式 ……(　　　　　　　)

② □＋2＝14 の□にあてはまる数をみつけましょう。

10 をあてはめると ㋐□ +2＝12 ×

11 をあてはめると ㋑□ +2＝13 ×

12 をあてはめると ㋒□ +2＝㋓□ ○

13 をあてはめると ㋔□ +2＝15 ×

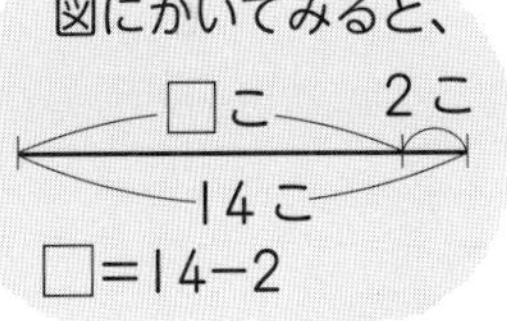

だから、□の数は ㋕□ です。

2 あめを30こ持っています。何こかあげると、のこりは17こになりました。

教 下93ページ2、94ページ4 60点(①□1つ10・式20、②20)

① あげたあめの数を□ことして、図の□にあてまはる数をかき、式にかきましょう。

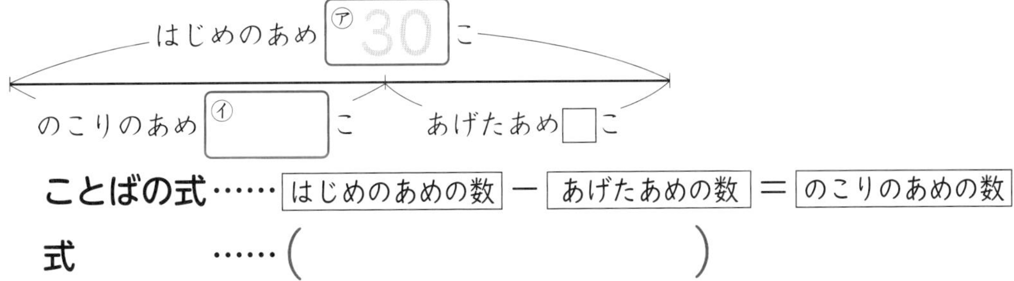

ことばの式……はじめのあめの数 − あげたあめの数 ＝ のこりのあめの数

式 ……(　　　　　　　)

② 図から考えて、あげたあめの数をもとめましょう。

答え (　　　　　　)

教科書 下92〜94ページ

時間 15分　合かく 80点　/100

月　日

サクッとこたえあわせ　答え 95ページ

⑳ □を使った式 ……(2)

[わからない数があっても、□を使うと、図や式に表すことができます。]

1 いちごが同じ数ずつのっているお皿が4つあります。いちごの数は、全部で24こです。 教 下95ページ5　30点(1つ15)

① 1皿のいちごの数を□ことして、式にかきましょう。

(　　　　　　　　)

② □にあてはまる数をみつけましょう。

(　　　　)

2 28このみかんを何人かで同じ数ずつ分けたら、1人分が4こになりました。 教 下95ページ6　30点(1つ15)

① 分けた人数を□人として、式にかきましょう。

(　　　　　　　　)

② □にあてはまる数をみつけましょう。

(　　　　)

よく読んで!

3 本を27さつ持っていました。お兄さんから何さつかもらったので、全部で42さつになりました。 教 下97ページ2　40点(1つ20)

① もらった本の数を□さつとして、式にかきましょう。

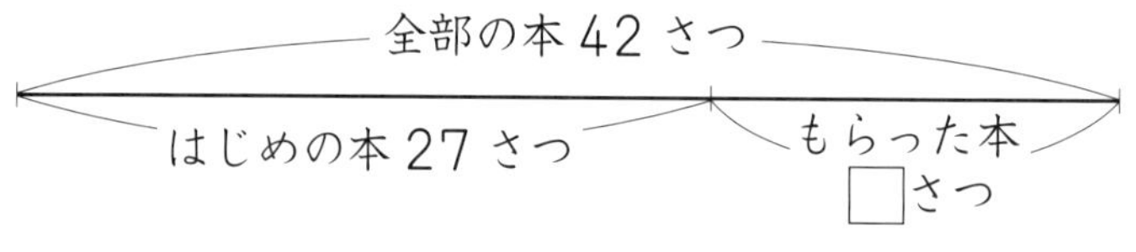

ことばの式……はじめの本の数 ＋ もらった本の数 ＝ 全部の本の数

式　……(　　　　　　　　)

② 図から考えて、もらった本の数をもとめましょう。

答え (　　　　　　　　)

きほんのドリル
77. そろばん

15分　合かく 80点　／100

月　日

サクッとこたえあわせ　答え 96ページ

［そろばんは、定位点（ていいてん）のあるけたを一の位（くらい）とし、左へじゅんに十の位、百の位、千の位、……とします。］

1 次（つぎ）の数をよみましょう。　教 下98ページ 1　30点（1つ10）

①

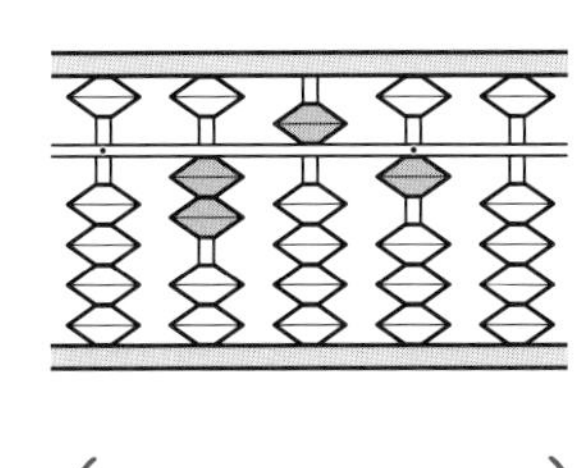

（　　　　　）

②

（　　　　　）

③

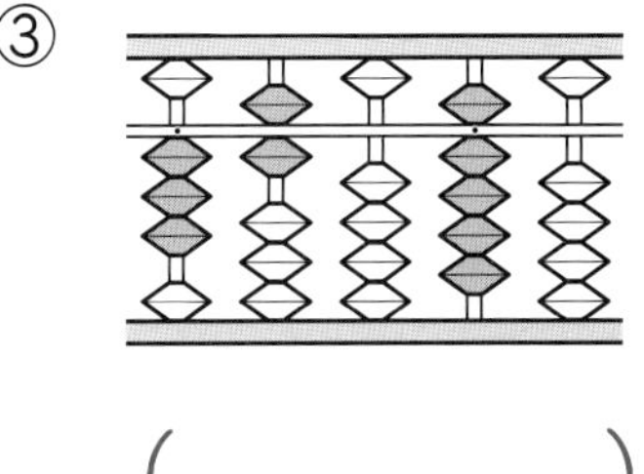

（　　　　　）

2 次の数を入れるとき、㋐親指（ゆび）、㋑人さし指、㋒親指と人さし指のうちどれを使（つか）いますか。はらうときはどれを使いますか。㋐、㋑、㋒の中からえらびましょう。

教 下98ページ 2　30点（□1つ5）

①

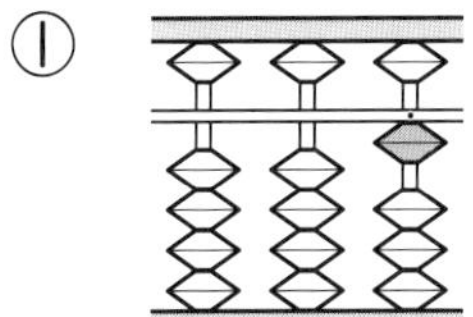

入れるとき □

はらうとき □

②

入れるとき □

はらうとき □

③

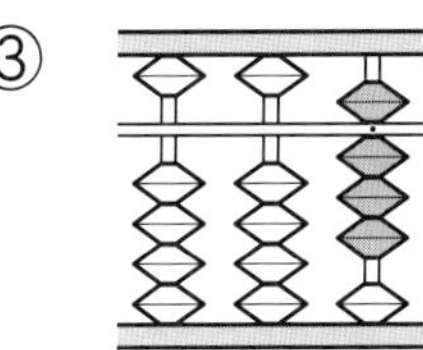

入れるとき □

はらうとき □

3 そろばんで計算しましょう。

40点（1つ10）

① $\begin{array}{r} 24 \\ +52 \\ \hline \end{array}$

② $\begin{array}{r} 86 \\ -63 \\ \hline \end{array}$

③ $\begin{array}{r} 36 \\ +85 \\ \hline \end{array}$

④ $\begin{array}{r} 94 \\ -56 \\ \hline \end{array}$

合かく 80点　　／100

月　日

わり算／一万をこえる数／時こくと時間

1 次(つぎ)の計算をしましょう。　65点(1つ5)

① 18÷2　② 27÷3　③ 45÷9

④ 42÷6　⑤ 9÷1　⑥ 7÷7

⑦ 50÷5　⑧ 0÷8　⑨ 36÷3

⑩ 21÷4　⑪ 28÷6

⑫ 51÷7　⑬ 87÷9

2 ㋐、㋑、㋒にあたる数をかきましょう。　15点(1つ5)

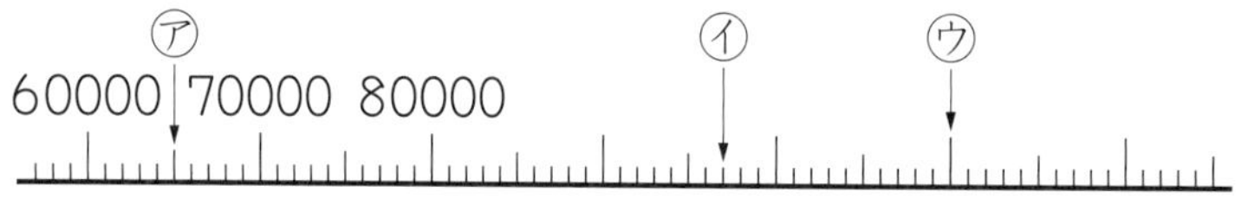

㋐(　　　　)　㋑(　　　　)　㋒(　　　　)

3 次の時間や時こくを答えましょう。　20点(1つ10)

① 発表会(はっぴょうかい)は、午前 10 時 20 分から午後 2 時 30 分までです。何時間何分ありますか。

(　　　　)

② おべんとうの時間は、11 時 45 分から 50 分あります。何時何分まであります か。

(　　　　)

学年まつのホームテスト

79

時間 15分　合かく 80点　/100

月　日

サクッとこたえあわせ

答え 96ページ

たし算とひき算の筆算／2けたをかけるかけ算の筆算／□を使った式

1 次の計算をしましょう。　30点(1つ5)

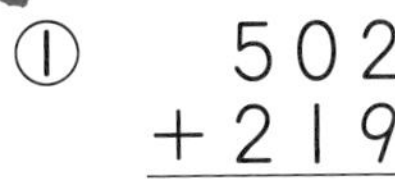

① $\begin{array}{r} 502 \\ +219 \\ \hline \end{array}$　② $\begin{array}{r} 645 \\ +387 \\ \hline \end{array}$　③ $\begin{array}{r} 2958 \\ +1373 \\ \hline \end{array}$

④ $\begin{array}{r} 650 \\ -\ \ 36 \\ \hline \end{array}$　⑤ $\begin{array}{r} 847 \\ -359 \\ \hline \end{array}$　⑥ $\begin{array}{r} 5120 \\ -2431 \\ \hline \end{array}$

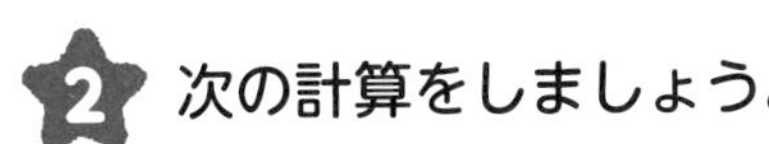

2 次の計算をしましょう。　50点(1つ5)

① 42×20　② 72×50

③ $\begin{array}{r} 23 \\ \times 12 \\ \hline \end{array}$　④ $\begin{array}{r} 36 \\ \times 24 \\ \hline \end{array}$　⑤ $\begin{array}{r} 58 \\ \times 43 \\ \hline \end{array}$　⑥ $\begin{array}{r} 63 \\ \times 27 \\ \hline \end{array}$

⑦ $\begin{array}{r} 90 \\ \times 39 \\ \hline \end{array}$　⑧ $\begin{array}{r} 72 \\ \times 40 \\ \hline \end{array}$　⑨ $\begin{array}{r} 152 \\ \times\ \ 47 \\ \hline \end{array}$　⑩ $\begin{array}{r} 316 \\ \times\ \ 69 \\ \hline \end{array}$

3 ケーキが同じ数ずつ入っている箱が９箱あります。ケーキの数は、全部で54こです。　20点(1つ10)

① 1箱に入っているケーキの数を□として、式にかきましょう。

(　　　　　　　　)

② □にあてはまる数をみつけましょう。

(　　　　)

学年まつのホームテスト 80

15分 合かく80点 ／100

月　日

答え 96ページ

長さ／重さ／分数／小数

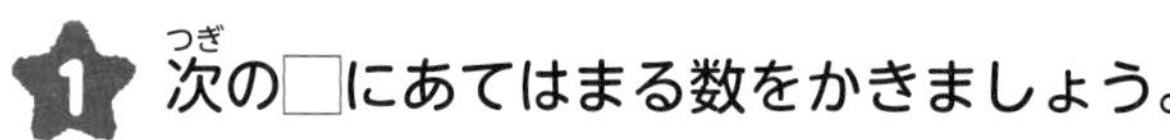

1 次の□にあてはまる数をかきましょう。　20点（全部できて1つ5）

① 1km100m＋900m＝□km

② 3km－300m＝□km□m

③ 700g＋900g＝□kg□g

④ 5kg400g－600g＝□kg□g

2 次の数の大小を、等号や不等号を使って式にかきましょう。　10点（1つ5）

① $\frac{4}{6}$　$\frac{5}{6}$　（　　　　）

② 1　$\frac{3}{4}$　（　　　　）

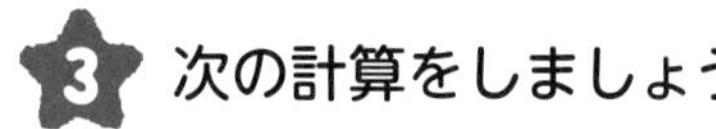

3 次の計算をしましょう。　30点（1つ5）

① $\frac{2}{5}+\frac{1}{5}$　② $\frac{5}{8}+\frac{2}{8}$　③ $\frac{3}{4}-\frac{1}{4}$

④ $\frac{5}{6}-\frac{4}{6}$　⑤ $\frac{1}{2}+\frac{1}{2}$　⑥ $1-\frac{3}{7}$

4 次の計算をしましょう。　40点（1つ4）

① 0.3＋0.4　② 6.8＋0.7　③ 6＋4.4

④ 1.2－0.5　⑤ 3－0.4　⑥ 10.2－7

⑦ 3.8 ＋1.6　⑧ 5 ＋4.6　⑨ 9.2 －2.8　⑩ 8 －5.7

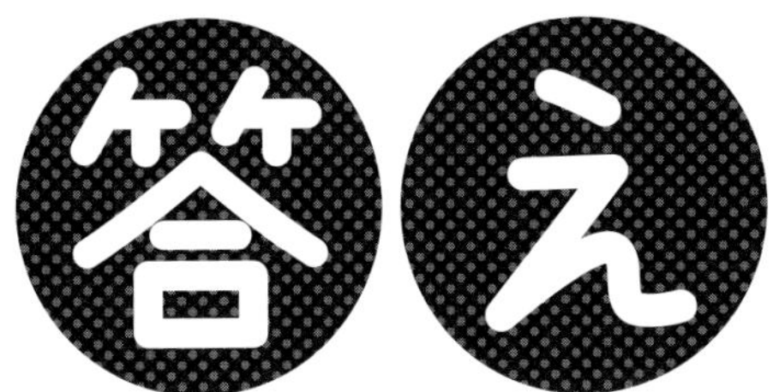

●ドリルやテストが終(お)わったら、うしろの「がんばり表(ひょう)」に色をぬりましょう。
●まちがえたら、かならずやり直しましょう。「考え方」もよみ直しましょう。

1. ① 九九の表(ひょう)とかけ算　1ページ

❶ ①4
②4
③20

❷ ①3
②9

❸ あ12　い28　う30　え56　お48

考え方 かけ算では、かける数が1ふえると、答えはかけられる数だけ大きくなり、かける数が1へると、答えはかけられる数だけ小さくなります。

❸ あ 18、24、30、36、……（6ずつふえる）

6ずつふえているので6のだんの九九だとわかります。

2. ① 九九の表とかけ算　2ページ

❶ ①2　②20
③10　④20

❷ ①50　②40　③30
④70　⑤10　⑥80
⑦90　⑧80　⑨60
⑩10　⑪100

❸ ①0
②0

❹ ①0　②0　③0

考え方 ❷ ①かけられる数とかける数を入れかえても答えは同じです。だから、5×10は10×5として計算しても答えは同じです。

⑪10×10は、10×9=90より10大きい数です。だから、10×10=100になります。

3. ① 九九の表とかけ算　3ページ

❶ ①ア3
　イ4
②ア5
　イ3

❷ ①4　②7　③3
④9　⑤5　⑥8
⑦6　⑧0

4. ① 九九の表とかけ算　4ページ

❶ あ0　い0　う0　え40　お90
か0　き22　く66

❷ ①1
②4
③6
④0

考え方 ❶ 0のだんの答えは、全部(ぜんぶ)0になります。

5. ② わり算　5ページ

❶ ① ○○○ ○○○ ○○○ ○○○
②3
③12、4

❷ ①24、4
②4、24
③6、6
④4

❸ 式(しき) 20÷5=4

答え　4cm

考え方 ❶ 12÷4のような計算を「わり算」といいます。12÷4は、「12わる4」とよみます。

6 ② わり算　6ページ

1 ①

②6

③18、3

2 ①16、2

②16

③8、8

④2

3 式　21÷7=3

答え　3本

考え方 **3** 21÷7の答えは、7×□=21の□にあてはまる数で、7のだんを使います。

7 ② わり算　7ページ

1 (れい)①㋐りんご　㋑30こ　㋒6人　㋓1人分

(れい)②㋐(れい)みかん　㋑30こ　㋒1人　㋓6こ

2 ①4、答え　7

②9、答え　2

3 ①㋐35こ　㋑5人　㋒1人分

②㋐35こ　㋑1人　㋒5こ

考え方 **1** 30÷6の式になる問題は「6人に分ける」場合と「6こずつ分ける」場合があります。

8 ② わり算　8ページ

1 ①24、6、4

答え　4きゃく

②4、4、8

答え　8きゃく

2 式　32÷4=8

8−2=6

答え　6台

3 式　20÷4=5

5+2=7

答え　7つ

考え方 **1** 子どもがすわっている長いすと、すわっていない長いすに分けて考えます。

2 32÷4=8で、8台のタクシーに乗りました。そのうち2台は出発したので、8−2=6で、のこっているタクシーは6台です。

3 ケーキをつめた箱は20÷4=5で5つです。箱は、まだ2つのこっているので、5+2=7で、みんなで7つあります。

9 ② わり算　9ページ

1 ①10　②10　③0

2 ①90、3

②9

3、30

3 8、10、2、12

4 ①30　②40　③12

④12　⑤11　⑥22

⑦32　⑧23

考え方 **4** ③24を20と4に分けて、それぞれを2でわります。20÷2=10、4÷2=2で、10+2=12になります。

⑦96を90と6に分けて、それぞれを3でわります。90÷3=30、6÷3=2で、30+2=32になります。

10 ② わり算　10ページ

1 ①3　②7　③4

④1　⑤4　⑥0

⑦20　⑧24

2 ① 式　42÷7=6

答え　6さつ

② 式　42÷7=6

答え　6人

3 式　24÷4=6

6+5=11

答え　11こ

考え方 **3** 24÷4=6だから、6パックにたまごを入れました。

おうちのかたへ 九九をきちんと覚えていない人は、しっかり復習しておきましょう。

11. あれ？　たくさんいたのに……　11ページ

❶ ①㋐5　㋑のこり(の数)
②　式　3+5=8
答え　8こ
③　式　12+8=20
答え　20こ

❷ ①㋐8　㋑20
②　式　8+8=16
20+16=36
答え　36まい

考え方　❷ 2人の友だちにあげたクッキーの数は、8+8=16(まい)です。

12. あれ？　たくさんいたのに……　12ページ

❶ ①㋐35　㋑85
②　式　10+35=45
答え　45オ
③　式　85−45=40
答え　40オ

❷ ①㋐17　㋑32
②　式　17+8=25
32−25=7
答え　7人

考え方　❷ バスに乗っていた男の人と女の人の数は、17+8=25(人)です。

13. ③　たし算とひき算の筆算　13ページ

❶ ①3、8、11
1
②1、5、2、8
③2、1、3
④381

❷ ①4、8、12
1
②1、6、9、16
1
③1、2、1、4
④462

❸ ①771　②856　③601　④800

考え方　一の位も十の位もくり上がることに気をつけて計算します。くり上げた1をたすのをわすれないようにしましょう。筆算は、けた数が大きくなっても、位をそろえて一の位からじゅんに計算します。

14. ③　たし算とひき算の筆算　14ページ

❶ ①2、5、7
②6、2、8
③5、7、12
1
④1287

❷ ①1156　②1222　③1323
④1465　⑤1039　⑥1000
⑦1002　⑧1000

考え方　百の位にくり上がりがあるときは、千の位にくり上げましょう。千の位にくり上がっても、やり方はいままでと同じです。

15. ③　たし算とひき算の筆算　15ページ

❶ ①8、2、6
②1
13、8、5
③3、1、2
④256

❷ ①1
12、7、5
②4、3、1
③3、1、2
④215

❸ ①345　②293　③27　④77

考え方　2けたのときと同じように、位をそろえて一の位からじゅんに、十の位、百の位と計算していきます。くり下がりがあるときには気をつけましょう。

16. ③ たし算とひき算の筆算 16ページ

❶ ①13、6、7　②11、5、6
③3、2、1　④167

❷ ①11、4、7、9　②9、5、4
③3、1、2　④247

❸ ①366　②374　③174　④119

考え方 くり下がりが2回あることに気をつけましょう。

17. ③ たし算とひき算の筆算 17ページ

❶ ①7、4、11、1
②1、6、5、12、2
③1、1、7、9　④4、3、7
⑤7921

❷ ①18、9、9　②6、3、3
③12、5、7　④5、1、4
⑤4739

❸ ①7213　②4164　③4821
④2769　⑤6692　⑥2279

❹ ㋐74　㋑100　㋒689

考え方 くり上げた1をたしわすれないようにしましょう。また、くり下げた1をひくのをわすれないようにしましょう。
❸ ① 十の位にも、百の位にも、千の位にも1くり上がります。
④十の位からも、百の位からも、千の位からも1くり下がります。
❹ 3つの数をたすときは、じゅんじょをかえてたしても、答えは同じです。
26+589+74=(26+74)+589=689

18. ③ たし算とひき算の筆算 18ページ

❶ ①582　②521　③1322
④1020　⑤1000　⑥6511
⑦326　⑧188　⑨99
⑩558　⑪303　⑫1793

❷ 式 147+154=301
答え 301人

❸ 式 500−235=265
答え 265円

❹ ①383　②974

考え方 けた数がふえても、2けたのときと同じように、くり上がり、くり下がりに気をつけて計算します。
❶ ⑩ 十の位が0のときは百の位から、くり下げます。
❹ 3つの数をたすときは、じゅんじょをかえて、計算しやすくなるようにくふうしましょう。

おうちのかたへ 3けたのたし算やひき算の筆算で、ひく数の百の位に数字がないものは0と考えて計算するようにしましょう。

19. ④ 時こくと時間 19ページ

❶ 3時25分

❷ 25分

❸ 6時間30分

❹ 3時40分

❺ ①85　②1、35

考え方 ❷ 7時50分から8時までと、8時から8時15分までに分けて考えます。
❸ 12時までと12時からに分けて考えます。

20. ④ 時こくと時間 20ページ

❶ ①60　②1　③60、90
④120　⑤160　⑥60、1、20
⑦1、45

❷ ①65秒　②10秒

21. ⑤ 一万をこえる数 21ページ

❶ ①

7	3	4	5	0	0	0	0
千万の位	百万の位	十万の位	一万の位	千の位	百の位	十の位	一の位

②7、3、4、5

❷ ①2913067　②6058704
③23105000

❸ ①10　②230
③(じゅんに)一億、100000000

❹ ①＞　②＜

考え方 ❹ 何けたの数か調べます。多いほうが大きな数です。同じけた数のときは、上の位からじゅんに数の大きさをくらべます。

22. ⑤ 一万をこえる数 22ページ

❶ ㋐100000　㋑117000

❷ ①12、8、20
20000、20000
②12、8、4
4000、4000

❸ ①120000　②100000
③63万　④59万

❹ ①61000　②28万

考え方 ❶ 80000と90000の間に、小さい目もりがいくつあるか調べます。10こあるので、小さい目もりの1目もりは1000を表しています。
❷ 何千のたし算、ひき算は、1000がいくつあるかを考えて計算します。まず、0を3つとった数のたし算、ひき算をします。

23. ⑤ 一万をこえる数 23ページ

❶ ①500　②720
③2100　④68000

❷ ①300　②2600
③80000　④290000

❸ 式　130×10＝1300
答え　1300円

❹ 式　583×100＝58300
答え　58300円

考え方 ❶ どんな数でも10倍すると、位が1つ上がり、右はしに0を1こつけた数になります。
①の50は500、②の72は720、③の210は2100、④の6800は68000になります。
❷ 100倍は10倍をさらに10倍したものだから、位は2つ上がり、右はしに0を2こつけた数になります。
①の3は300、②の26は2600、③の800は80000、④の2900は290000になります。

24. ⑤ 一万をこえる数 24ページ

❶ ①30、10
②10、30
③3、3

❷ ①8
②一
③10

❸ ①6　②42
③70　④900

考え方 ❸ 60や700のように、一の位が0の数を10でわると、位が1つ下がり、一の位の0をとった数になります。
①の60は6、②の420は42、③の700は70、④の9000は900になります。

25. ⑥ 表とグラフ 25ページ

❶ ①㋐正下　㋑正(4画)　㋒正(1画)
②㋐8　㋑4　㋒6　㋓18
③みかん
④バナナ
⑤18こ

考え方 ❶ ①数を調べるには、正の字をかくとべんりです。一(正の1画目)は1、丅は2、下は3、正(4画目まで)は4、正は5になります。
② 正下は、5+3=8になります。

26. ⑥ 表とグラフ 26ページ

❶ ①ぼうグラフ
②1台
③白
④11台
⑤4台

❷ 右図

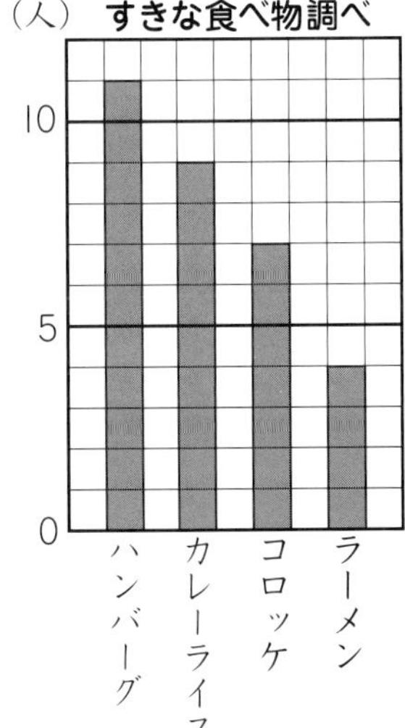

27。 ⑥ 表とグラフ 27ページ

❶ ①右の表

町名＼組	1組	2組	3組	合計
東町	9	5	8	22
西町	10	9	7	26
南町	7	11	10	28
北町	6	8	7	21
合計	32	33	32	97

②22人
③南町
④32人
⑤97人

❷ ①正しい
②正しくない

考え方 いくつかの表は1つにまとめると見やすくなります。
❶ ②東町の人数は、9+5+8=22(人)です。④1組の人数は、9+10+7+6=32(人)です。⑤横の合計とたての合計は、どちらも97人です。
❷ ①2つのグラフをくらべるときは、目もりをそろえるとべんりです。
② 日曜日にテレビをみた時間は60分、本をよんだ時間は30分です。

28。 ⑦ たし算とひき算 28ページ

❶ ①10、6
②10、35
③6
④41

❷ ①10、8
②10、46
③8
④38

❸ ①86 ②92
③141 ④34
⑤26 ⑥13

29。 九九の表とかけ算／わり算 29ページ

1 ①30 ②50 ③100
④0 ⑤0

2 ①4 ②9

3 ①4 ②6 ③4
④1 ⑤0 ⑥10
⑦20 ⑧13 ⑨11

4 式 30÷6=5

答え 5箱

5 式 49÷7=7
7+2=9

答え 9ふくろ

考え方 1 どんな数に0をかけても答えは0です。また、0にどんな数をかけても答えは0です。
3 わり算の答えは、九九の表を使って調べます。

30。 たし算とひき算の筆算／時こくと時間 30ページ

1 ①401 ②932 ③1101
④1000 ⑤139 ⑥371
⑦207 ⑧88 ⑨4741
⑩3202 ⑪7579 ⑫616

2 ①50分
②7時間35分
③午前8時10分
④午前6時45分

考え方 2 長いはりが12にくるところで、2つに分けて考えます。
①8時までが35分で、8時から8時15分までが15分だから、35分と15分をあわせた時間になります。

31。 一万をこえる数／表とグラフ 31ページ

1 ①11000 ②20000
③51万 ④9万
⑤600 ⑥22

2 ①17009052
②3000000

3 ①9、1
②302

4 ①2人 ②8人 ③月曜日
④4人

考え方 4 ④木曜日にけっせきした人数は16人で、水曜日にけっせきした人数は12人です。

32. ⑧ 長さ 32ページ

❶ ① まきじゃく ② ものさし
③ものさし ④ まきじゃく

❷ ㋐15(cm) ㋑20(cm)
㋒1(m)90(cm) ㋓2(m)12(cm)

❸ ㋓ ㋐ ㋑ ㋒
80 90 5m 10 20 30 40

33. ⑧ 長さ 33ページ

❶ ①800、400、1200
②1000、1、200

❷ ① 式 1km300m+900m=2km200m
答え 2km200m
(2200m)
② 式 2km200m−1km700m
=500m
答え 500m

❸ ①2 ②8000
③1、800 ④4500
⑤2、300 ⑥3、900

考え方 ❷ 道にそってはかった長さを道のり、まっすぐにはかった長さをきょりといいます。

34. ⑨ あまりのあるわり算 34ページ

❶ ①
②5、1
③16、3、5、1
④3

❷ ① 式 17÷2=8 あまり 1
答え 8人に分けられて、1さつあまる。
② 式 17÷3=5 あまり 2
答え 5人に分けられて、2さつあまる。

❸ 式 25÷3=8 あまり 1
答え 8たばできて、1本あまる。

考え方 わる数のだんの九九を使って、答えをもとめます。

35. ⑨ あまりのあるわり算 35ページ

❶ ①4、3
②6、1

❷ ①2あまり 2 ②3あまり 3
③8あまり 3 ④6あまり 6
⑤5あまり 6 ⑥9あまり 1
⑦8あまり 2 ⑧9あまり 1

❸ ① 式 45÷6=7 あまり 3
答え 7箱できて、3本あまる。
② 式 45÷7=6 あまり 3
答え 1人6本になって、3本あまる。

考え方 答えをみてあまりがわる数よりも大きければ、答えはまちがっています。答えを1つ大きい数にして計算してみましょう。

36. ⑨ あまりのあるわり算 36ページ

❶ ①7÷2=3 あまり 1
②3、1
③3、6
1
④2、3、1

❷ ①2あまり 3
たしかめ 6×2+3=15
②7あまり 2
たしかめ 4×7+2=30
③5あまり 6
たしかめ 9×5+6=51

❸ ①23÷3=7 あまり 2
②○
③50÷7=7 あまり 1

考え方 わり算の答えは、
(わる数)×(答え)+(あまり)
が(わられる数)になることをりようしてたしかめます。
❷ ① 15 ÷6=2 あまり3
たしかめ 6×2+3= 15
正しい。

37. ⑨ あまりのあるわり算 37ページ

❶ ①60÷7=8 あまり 4
②8、4
③9

❷ 式 25÷4=6 あまり 1
6+1=7　　答え 7回

❸ 式 50÷8=6 あまり 2
答え 6箱

考え方 あまりのある問題では、あまりをどう考えるのかがたいせつです。
❷ 25÷4=6 あまり 1 だから、6回運ぶと 1 さつあまります。もう 1 回、のこりの 1 さつを運ばないといけないので、6+1=7 で 7 回になります。
❸ 50÷8=6 あまり 2 だから、8こ入りの箱が 6 箱できて、たまごが 2 こあまります。あまった 2 こでは 8 こ入りの箱にならないので、売れる箱は 6 箱です。

38. ⑨ あまりのあるわり算 38ページ

❶ ①4あまり 1　②5あまり 2
③4あまり 4　④6あまり 2
⑤4あまり 7　⑥7あまり 6

❷ ①31÷4=7 あまり 3
②○
③19÷3=6 あまり 1

❸ 式 35÷8=4 あまり 3
答え 1人4こになって、3こあまる。

❹ 式 22÷4=5 あまり 2
5+1=6
答え 6台

考え方 ❹ 22÷4=5 あまり 2 だから、5台に乗ったとき、2人あまっています。もう 1 台ひつようだから、5+1=6 で 6 台です。

おうちのかたへ あまりのあるわり算では、あまりがわる数より小さくなることをしっかりと理解しましょう。答えを書いたあと、書いた答えが正しいか確かめましょう。

39. ⑩ 重さ 39ページ

❶ ① はかり
②グラム
③ キログラム
④1000
⑤㋐10
㋑130

❷ ①1100
1、100
②1900
1、900

考え方 ❷ 1目もりの大きさを調べます。
①・②大きな目もり 2 つ分が 200g だから、大きな目もり 1 つ分は 100g です。

40. ⑩ 重さ 40ページ

❶ ①1600
②㋐いれもの
㋑1600　㋒200
③1400

❷ ①1、200　②2
③500　④600

❸ バナナ⇨りんご⇨みかん

考え方 ❷ ①500g+700g=1200g
1kg=1000g だから、
1200g=1kg200g です。
②400g+600g=1000g だから、1kg になります。
④1kg100g=1100g と考えます。

41. ⑩ 重さ 41ページ

❶ ①4　②5100

❷ ①g　②kg　③cm　④mm
⑤m　⑥L　⑦mL

❸ ①1000　②10　③1000　④1000

考え方 1mm や 1mL のように、m(ミリ)がつくものの 1000 倍は、1m や 1L になります。また、1km や 1kg のように、k(キロ)がつくものは、1m や 1g の 1000 倍になります。

42。 ⑪ 円と球 42ページ

❶ ㋑

❷ ①中心　②中心　③半径

❸

❹ ①直径　②8　③4

考え方 ❶ コンパスでかいたようなまるい形を円といいます。円の一部がかけていたりまるくないものは円ではありません。

❸ コンパスの先を3cmに開いて、はりをアにさしてかきます。アが円の中心になります。

❹ 半径は直径の半分です。

43。 ⑪ 円と球 43ページ

❶

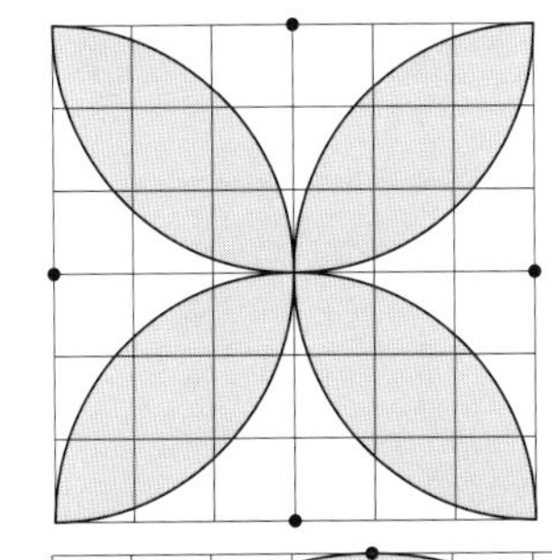

❷

❸ ㋐

考え方 ❶、❷ 円の中心をみつけてかきます。•の印のところが円の中心です。

❸ コンパスで、長さを直線の上に写しとってくらべます。

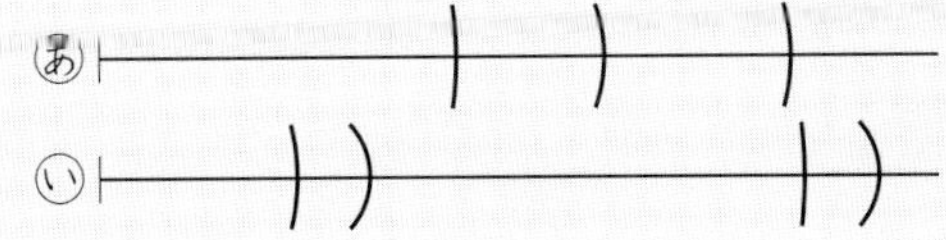

44。 ⑪ 円と球 44ページ

❶ ①球

②円

❷ ①(球の)半径　②(球の)中心

③(球の)直径

❸ ①ま2つ

②16

③7

❹ 3cm

考え方 ❹ ボールの大きさを表しています。これが直径になります。

45。 ⑫ 何倍でしょう 45ページ

❶ ①㋐赤い　㋑白い

㋒8　㋓40

② 式　40÷8=5

答え　5倍

❷ ①㋐箱1こ　㋑8

㋒たな　㋓56

② 式　56÷8=7

答え　7cm

❸ 式　3×9=27

答え　27cm

46。 ⑫ 何倍でしょう 46ページ

❶ ①㋐2　㋑6

㋒4　㋓24

②㋐4　㋑2

㋒4　㋓8

❷ 式　2×3=6、10×6=60

答え　60円

考え方 もとの数の何倍になるかを考えます。

❷

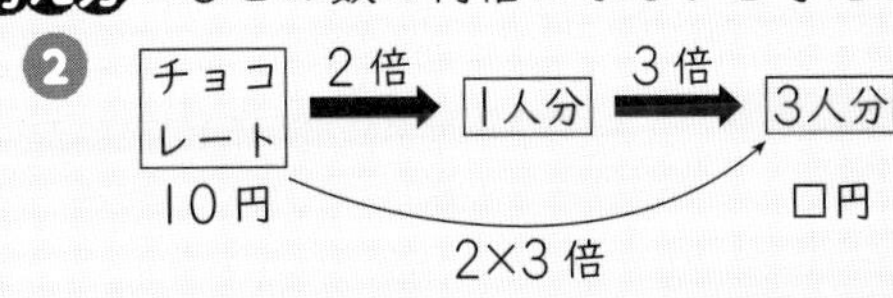

チョコレートを1人に2こずつ買うので、3人分は2×3=6、6こ買うことになります。チョコレートは1つ10円だから、10×6=60で、全部で60円になります。10×2=20、20×3=60としてもよいです。

47 ⑬ 計算のじゅんじょ 47ページ

❶ ① 式(しき) 3×[2]×[4]=[24]

答え 24こ

② 式 [3]×(2×[4])=[24]

答え 24こ

❷ ① 式 5×2×4=40

答え 40円

② 式 5×(2×4)=40

答え 40円

❸ ①3 ②2

考え方 多くの数をかけるときは、計算するじゅんじょをかえても、答えは同じです。

❶ ①1人分のドーナツの数は、3×2=6で、6こになります。4人分のドーナツの数は、6×4=24で、24こです。

②ドーナツが入っているふくろの数は、2×4=8で、8ふくろになります。

❸ ①2×5×3=30

2×(5×3)=2×15=30

と答えは同じになります。

48 ⑭ 1けたをかけるかけ算の筆算(ひっさん) 48ページ

❶ ㋐2

㋑2 ㋒4

㋓80

❷ ㋐2

㋑2 ㋒4

㋓800

❸ ① 答え 60

しかた (れい) 30は、10が3こ。30×2は、10が(3×2)こで、30×2=60になります。

② 答え 600

しかた (れい) 300は、100が3こ。300×2は、100が(3×2)こで、300×2=600になります。

❹ ①80 ②900

③560 ④2100

考え方 何十のかけ算は10が何こか、何百のかけ算は100が何こかを考えます。

49 ⑭ 1けたをかけるかけ算の筆算 49ページ

❶ ①2 ②6

❷ ① 32 × 3 = 96 ② 20 × 2 = 40

❸ ①1 ②2

③2 ④5

❹ ①72 ②74 ③64 ④90

考え方 かけ算の筆算も、たし算やひき算と同じように、位(くらい)をそろえて、一の位からじゅんに計算していきます。まちがえた人は、なれるまで、九九を声に出していいながら計算するとまちがいが少なくなります。

また、❸のようにくり上がりのあるとき、くり上げた数をたすのをわすれた人は、くり上げた数を小さくかいておきましょう。

17 × 3 (2 1) ― 三七21だから、十の位に2くり上げます。小さくかいておけば、たすのをわすれることもないです。

50 ⑭ 1けたをかけるかけ算の筆算 50ページ

❶ ①7 ②35

③3

❷ ①155 ②288 ③369 ④240

❸ ①12

②1

③25

❹ ①138 ②192 ③153 ④210

考え方 くり上がって、答えが3けたになる計算に気をつけましょう。また、0をわすれずに書きましょう。

51 ⑭ 1けたをかけるかけ算の筆算 51ページ

❶ ①6 ②4 ③2

❷ ①822 ②963 ③990

④366 ⑤639 ⑥848

⑦866

考え方 (3けた)×(1けた)の筆算も、(2けた)×(1けた)のときと同じように、一の位からじゅんに計算します。百の位もわすれずに計算しましょう。

52。 ⑭ 1けたをかけるかけ算の筆算(ひっさん) 52ページ

❶ ①1　②28　③14

❷ ①2　②2　③12

❸ ①4452　②3704　③4123
④3515　⑤3609　⑥5430

❹ 式(しき)　306×3=918
答え　918円

考え方　くり上がりのある計算はくり上げた数をたしわすれないようにしましょう。
❸ ④703×5 の筆算のしかたは、

```
  703       703       703
×   5  ⇨ ×   5  ⇨ ×   5
   ¹5        15      3515
 五三 15   五れいが0   五七 35
```

53。 ⑭ 1けたをかけるかけ算の筆算 53ページ

❶ ①20、4
②60、60
③4、12
④60、12、72

❷ ①26　②96　③88
④84　⑤48　⑥76
⑦68　⑧92
⑨80　⑩60
⑪96　⑫91

考え方　暗算(あんざん)は、かけられる数を2つに分けて計算します。
❷ ①13×2は、13を10と3に分けます。先に、十の位(くらい)を計算すると、10×2=20、次(つぎ)に一の位を計算すると、3×2=6、あわせて20+6=26だから、答えは26です。
⑥38×2は、38を30と8に分けます。先に、十の位を計算すると、30×2=60、次に一の位を計算すると、8×2=16、あわせて60+16=76だから、答えは76です。

54。 ⑭ 1けたをかけるかけ算の筆算 54ページ

❶ ①30、2
②100、4、4

❷ ①217　②56　③180　④222
⑤605　⑥1032　⑦4302　⑧3010

❸ ①36　②60
③88　④75

❹ 式　265×3=795
答え　795m

55。 ⑮ 式と計算 55ページ

❶ ①㋐40
㋑40、8、560
②㋐8
㋑8、560
③560円

❷ ① 式　600−400=200
答え　200mL
② 式　200×4=800
答え　800mL

❸ ①5、5
②15、4

考え方　次のような計算のきまりがあります。

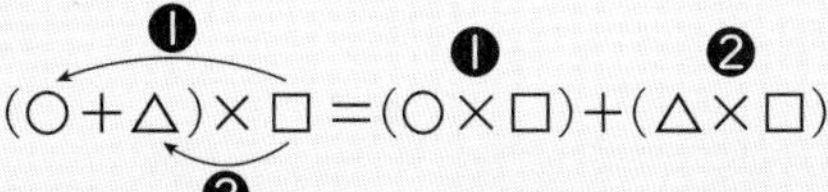

❷ それぞれジュース1本のちがいをもとめ、4本分なので、そのちがいを4倍(ばい)します。

56。 ⑯ 分数 56ページ

❶ ①2　② $\frac{1}{2}$　③ $\frac{1}{4}$

❷ ① $\frac{2}{5}$ m
② $\frac{2}{6}$ m（または $\frac{1}{3}$ m）
③ $\frac{8}{10}$ m（または $\frac{4}{5}$ m）

❸ ① $\frac{1}{2}$ L　② $\frac{4}{5}$ L

❹ ① $\frac{7}{10}$ L　② $\frac{4}{7}$ km

57 ⑯ 分数 57ページ

❶ ㋐ $\frac{1}{4}$ ㋑ $\frac{3}{4}$

❷ ①6 ② $\frac{5}{7}$ ③ $\frac{7}{7}$、1

❸ 0、$\frac{3}{5}$、1（$\frac{5}{5}$）、$\frac{7}{5}$

❹ ㋐ $\frac{2}{7}$ ㋑ $\frac{5}{7}$

58 ⑯ 分数 58ページ

❶ ㋐ $\frac{4}{5}$ ㋑ $\frac{1}{5}$
㋒ ＞ ㋓ ＜
㋔ 不等号（ふとうごう） ㋕ ＝
㋖ 等号

❷ 0、$\frac{1}{8}$、$\frac{2}{8}$、$\frac{6}{8}$、1

答え $\frac{6}{8}$ のほうが大きい。

❸ ①＞ ②＝
③＜

59 ⑯ 分数 59ページ

❶ ㋐1 ㋑2
㋒1 ㋓2 （㋒と㋓は逆でもよい）
㋔ $\frac{3}{4}$ ㋕＋ ㋖ $\frac{3}{4}$

答え $\frac{3}{4}$ L

❷ 式（しき） $\frac{2}{7}+\frac{3}{7}=\frac{5}{7}$

答え $\frac{5}{7}$ L

❸ ① $\frac{2}{6}$ $\left(\text{または}\frac{1}{3}\right)$ ② $\frac{4}{5}$
③ $\frac{7}{7}$（または 1） ④ $\frac{5}{9}$
⑤ $\frac{3}{6}$ $\left(\text{または}\frac{1}{2}\right)$ ⑥ $\frac{7}{8}$
⑦ $\frac{8}{9}$ ⑧ $\frac{10}{10}$（または 1）

考え方 ❸ ① $\frac{1}{6}+\frac{1}{6}$ は、$\frac{1}{6}$ が（1＋1）こで $\frac{2}{6}$ となります。

60 ⑯ 分数 60ページ

❶ ㋐3 ㋑1
㋒3 ㋓1
㋔ $\frac{2}{4}$ $\left(\text{または}\frac{1}{2}\right)$ ㋕ー
㋖ $\frac{2}{4}$ $\left(\text{または}\frac{1}{2}\right)$

答え $\frac{2}{4}$ L $\left(\text{または}\frac{1}{2}\text{ L}\right)$

❷ ① $\frac{1}{5}$ ② $\frac{1}{6}$
③ $\frac{5}{8}$ ④ $\frac{1}{9}$
⑤ $\frac{2}{7}$ ⑥ $\frac{3}{10}$
⑦ $\frac{1}{2}$ ⑧ $\frac{2}{3}$
⑨ $\frac{2}{7}$ ⑩ $\frac{1}{10}$

考え方 ❷ 1から分数をひくときは、分母をその分数にあわせます。⑦は $1=\frac{2}{2}$、⑧は $1=\frac{3}{3}$、⑨は $1=\frac{7}{7}$、⑩は $1=\frac{10}{10}$ として計算します。

61 間の数 61ページ

❶ ① 〔左〕 ○○●○○○○○●○ 〔右〕
② 式 2＋3＝5
10－5＝5

答え 5人

❷ ① 5つ
② 式 4×5＝20

答え 20m

❸ 式 7－1＝6
5×6＝30

答え 30cm

考え方 ❷ このような問題（もんだい）は、間の数がいくつあるかに注目（ちゅうもく）して考えます。
❸ たねが7つぶのとき、たねとたねの間の数は、たねの数より1つ少なくなります。間の数は、7－1＝6で、6つです。

62. 長さ／あまりのあるわり算／重さ／円と球 62ページ

1 ①2000 ②8、600
③4、100 ④500

2 ① **答え** 3あまり2
たしかめ 6×3+2=20
② **答え** 7あまり4
たしかめ 5×7+4=39
③ **答え** 7あまり2
たしかめ 8×7+2=58

3 ① **式** 1kg600g+800g=2kg400g
答え 2kg400g
② **式** 1kg600g−800g=800g
答え 800g

4 ①中心 ②16 ③円

考え方 **1** ③たんいが同じ900mと200mをたして、1100m。1100m=1km100mだから、3km+1km100m=4km100m
3 ②1kg600gを1600gになおして計算します。1600g−800g=800g

63. 何倍でしょう／1けたをかけるかけ算の筆算／分数 63ページ

1 ①138 ②310 ③172 ④171
⑤723 ⑥1530 ⑦5341 ⑧3141

2 **式** 245×3=735 **答え** 735こ

3 ① **式** 15×3=45 **答え** 45本
② **式** 45÷5=9 **答え** 9本

4 ①$\frac{5}{7}$ ②$\frac{7}{9}$
③$\frac{3}{5}$ ④$\frac{5}{10}$（または$\frac{1}{2}$）
⑤$\frac{8}{8}$（または1） ⑥$\frac{1}{2}$

考え方 **3** ②黄のチューリップの本数を□本として考えます。

黄のチューリップ →（5倍）→ 白のチューリップ
□本　　45本

おうちのかたへ かけ算の筆算は大切です。間違えた人は、繰り返し練習しましょう。

64. ⑰ 三角形 64ページ

1 ①二等辺三角形 ②正三角形

2 ①あ、か
わけ 2つの辺の長さが等しい三角形だから。
②う、え
わけ 3つの辺の長さがみんな等しい三角形だから。

考え方 **2** コンパスを使って、長さの同じ辺がいくつあるかをみつけます。2つの辺の長さが等しければ、二等辺三角形です。また、3つの辺の長さがみんな等しければ、正三角形です。それぞれの三角形のとくちょうをしっかりおぼえておきましょう。

65. ⑰ 三角形 65ページ

1 ① ②

2 ①（れい）
②（れい）

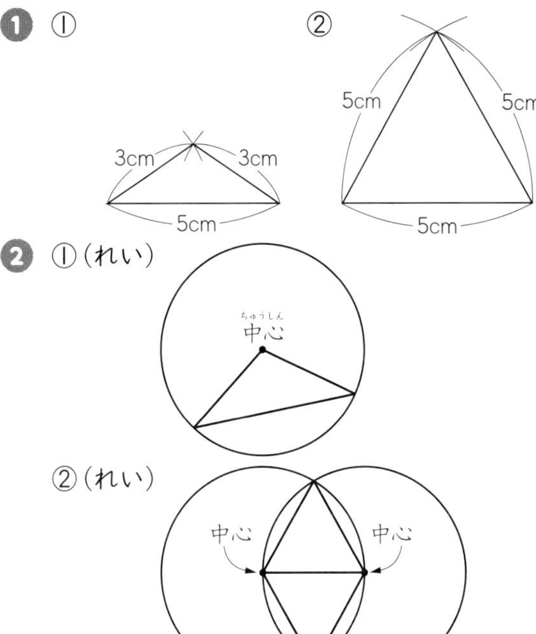

2つの正三角形のうち、どちらか1つがかければよい。

考え方 **2** ①円の半径はどれも同じ長さだから、2つの半径をひいて、それを2辺とする三角形をかきます。
②2つの円の中心と中心をつなげた直線は、それぞれの円の半径になります。のこり2つの辺が円の半径になるようにします。

66。 ⑰ 三角形 66ページ

❶ ①辺　②角　③辺
④2　⑤3

❷ ①(い)と(え)
②(い)と(え)、(お)と(か)
③(う)
④二等辺三角形と正三角形
⑤二等辺三角形

❸ 二等辺三角形

考え方 ❷ ④図1の三角じょうぎを2まいならべてできる三角形は、右図のとおりです。

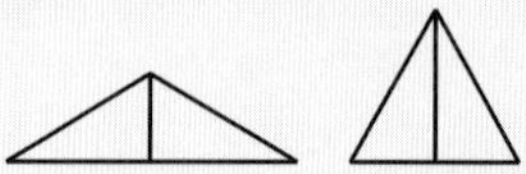

二等辺三角形　正三角形

⑤図2の三角じょうぎを2まいならべてできる三角形は、右図のとおりです。

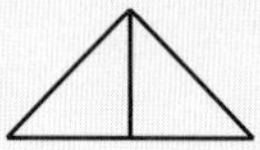

二等辺三角形

67。 ⑱ 小数 67ページ

❶ ㋐$\frac{2}{10}$　㋑0.1　㋒2
㋓0.2　㋔1.2

❷ ㋐$\frac{1}{10}$　㋑0.1　㋒8
㋓0.8　㋔7.8

❸ ①3.9　②4、6　③0.3
④6.4　⑤8、3

考え方 ❶ 1目もりは0.1Lです。

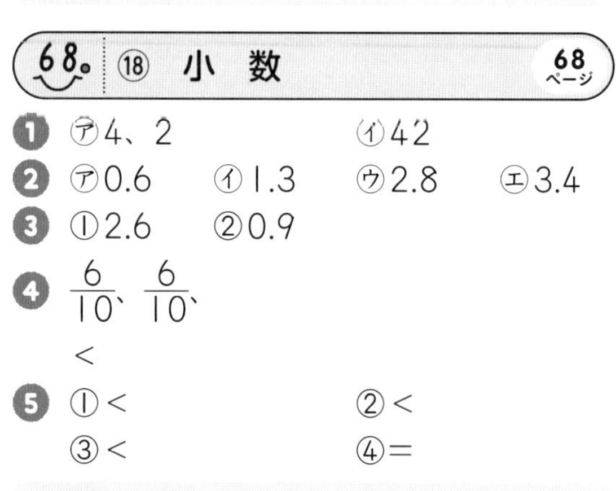

68。 ⑱ 小数 68ページ

❶ ㋐4、2　㋑42

❷ ㋐0.6　㋑1.3　㋒2.8　㋓3.4

❸ ①2.6　②0.9

❹ $\frac{6}{10}$、$\frac{6}{10}$、
<

❺ ①<　②<
③<　④=

考え方 ❷ 数直線の1目もりは0.1です。
❸ ①0.1を10こ集めた数が1だから、0.1を20こ集めた数は2です。
2と0.1が6こで、2.6です。

69。 ⑱ 小数 69ページ

❶ ①㋐0.5+0.3　㋑3
㋒3　㋓0.8
②㋐0.5−0.3　㋑5
㋒3　㋓0.2

❷ ①0.7　②0.5　③1
④1.2　⑤2.4　⑥3
⑦0.3　⑧0.4　⑨0.4
⑩2.9　⑪9　⑫5.1

考え方 ❶ 0.1が何こになるかを考えます。
❷ ③0.1が(6+4)こ。0.1が10こで1。

70。 ⑱ 小数 70ページ

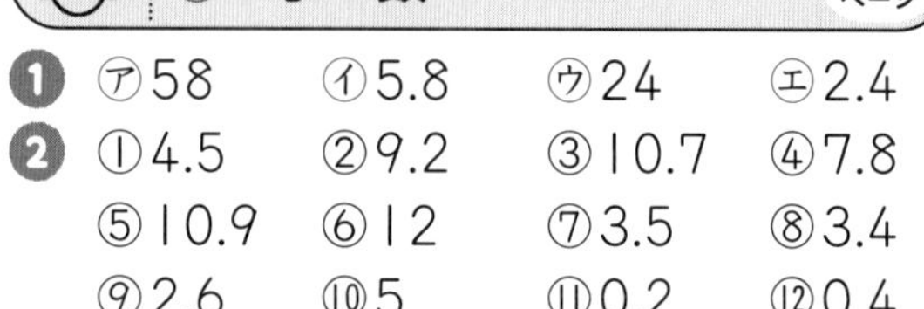

❶ ㋐58　㋑5.8　㋒24　㋓2.4

❷ ①4.5　②9.2　③10.7　④7.8
⑤10.9　⑥12　⑦3.5　⑧3.4
⑨2.6　⑩5　⑪0.2　⑫0.4

考え方 ❷ ④同じ位どうしを計算します。2は2.0と考えるとまちがいません。
⑧9は9.0と考えて、計算しましょう。
⑪ $\begin{array}{r} {}^{2}3.1 \\ -2.9 \\ \hline 0.2 \end{array}$ 一の位に0をかくのをわすれないようにしましょう。

71。 ⑲ 2けたをかけるかけ算の筆算 71ページ

❶ ① 式 32×2=64
答え 64円
②㋐20　㋑10、2、10
㋒ 答え 640円

❷ 10

❸ ①550　②390　③780
④1480　⑤4130　⑥4320
⑦1500　⑧2400

考え方 ❶ 32×20は、(32×2)を10倍すると、もとめられます。
32×2=64だから、32×20=640です。
❸ ⑤59×70は、(59×7)を10倍すると、もとめられます。
59×7=413 →10倍→ 59×70=4130

72。 ⑲ 2けたをかける かけ算の筆算（ひっさん） 72ページ

1 ①㋐20　㋑3
㋒620　㋓93
㋔713
②㋐93　㋑62　㋒713

2 ①43×7＝301
②43×50＝2150
③301＋2150＝2451

3
```
①   14     ②   83
   ×22        ×26
    28        498
   28        166
   308       2158

③   60     ④   53
   ×24        ×30
   240         00
  120        159
  1440       1590
```

考え方 かける数が2けたになっても、1けたのときと同じように位（くらい）をそろえて、一の位からじゅんに計算します。

73。 ⑲ 2けたをかける かけ算の筆算 73ページ

1 ①㋐20　㋑3
㋒6420　㋓963
㋔7383
②㋐963　㋑642　㋒7383

2
```
①   252   ②   374   ③    389
  ×  32     ×  25     ×   42
    504      1870        778
   756       748       1556
   8064      9350      16338

④   700   ⑤   405
  ×  43     ×  52
   2100       810
  2800      2025
  30100     21060
```

考え方 （2けた）×（2けた）と同じように計算しましょう。

74。 ⑲ 2けたをかける かけ算の筆算 74ページ

1 ①260　②1020
③2350　④4200

2
```
①   12    ②   38    ③   43
   ×21       ×70       ×26
    12        00       258
   24       266        86
   252      2660      1118

④   51    ⑤   64    ⑥  192
   ×49       ×73      × 13
   459       192       576
  204       448       192
  2499      4672      2496

⑦   584   ⑧   300
  ×   62    ×  29
    1168     2700
   3504      600
   36208     8700
```

3 式（しき） 42×17＝714
答え 714こ

4 式 28×34＝952
答え 952cm

おうちのかたへ 2けたをかけるかけ算は大切です。間違えた人は、もう一度、やりなおして繰り返し練習しましょう。

75。 ⑳ □を使（つか）った式 75ページ

1 ①□＋2＝14
②㋐10　㋑11　㋒12
㋓14　㋔13　㋕12

2 ①㋐30　㋑17
式 30－□＝17
② 答え 13こ

76。 ⑳ □を使った式 76ページ

1 ①□×4＝24　②6

2 ①28÷□＝4　②7

3 ① 式 27＋□＝42
② 答え 15さつ

考え方 **1** ①（1皿（さら）のいちごの数）×（皿の数）＝（いちご全部（ぜんぶ）の数）になります。
②□×4＝24にいろいろな数をあてはめます。

4×4=16 →×、5×4=20 →×、
6×4=24 →○、7×4=28 →×
だから、6。または、□=24÷4、□=6と考えることもできます。

2 ①(全部の数)÷(人数)=(1人分の数)になります。

77. そろばん 77ページ

1 ①251 ②740 ③3609

2 ①㋐、㋑ ②㋑、㋑ ③㋒、㋑

3 ①76 ②23 ③121 ④38

考え方 そろばんのたし算、ひき算は、左のけたから右のけたへ、じゅんに計算します。

78. わり算／一万をこえる数 時こくと時間 78ページ

1 ①9 ②9 ③5
④7 ⑤9 ⑥1
⑦10 ⑧0 ⑨12
⑩5あまり1 ⑪4あまり4
⑫7あまり2 ⑬9あまり6

2 ㋐65000 ㋑97000 ㋒110000

3 ①4時間10分
②12時35分

考え方 **2** 1目もりは、10000を10等(とう)分(ぶん)した1こ分だから、1000です。

おうちのかたへ わり算の答えを求めるには、九九を使います。九九をしっかり復習しておきましょう。

79. たし算とひき算の筆算(ひっさん)／2けたをかけるかけ算の筆算／□を使(つか)った式(しき) 79ページ

1 ①721 ②1032 ③4331
④614 ⑤488 ⑥2689

2 ①840 ②3600

③
```
   23
  ×12
   46
  23
  276
```
④
```
   36
  ×24
  144
  72
  864
```
⑤
```
   58
  ×43
  174
 232
 2494
```
⑥
```
   63
  ×27
  441
 126
 1701
```
⑦
```
   90
  ×39
  810
 270
 3510
```
⑧
```
   72
  ×40
   00
 288
 2880
```
⑨
```
  152
×  47
 1064
 608
 7144
```
⑩
```
   316
×   69
  2844
 1896
 21804
```

3 ①□×9=54 ②6

考え方 **1** 4けたのたし算、ひき算も3けたのときと同じように、一の位(くらい)からじゅんに計算していきます。くり上がり、くり下がりの数もふえるので、気をつけましょう。

おうちのかたへ かけ算の筆算はとても大切です。間違えた人は、どこで間違えたのかをみて、何回もやりなおしましょう。

80. 長さ／重(おも)さ／分数／小数 80ページ

1 ①2 ②2、700
③1、600 ④4、800

2 ① $\frac{4}{6}<\frac{5}{6}$ (または、$\frac{5}{6}>\frac{4}{6}$)
② $1>\frac{3}{4}$ (または、$\frac{3}{4}<1$)

3 ① $\frac{3}{5}$ ② $\frac{7}{8}$ ③ $\frac{2}{4}$ (または $\frac{1}{2}$)
④ $\frac{1}{6}$ ⑤ $\frac{2}{2}$ (または1) ⑥ $\frac{4}{7}$

4 ①0.7 ②7.5 ③10.4
④0.7 ⑤2.6 ⑥3.2
⑦5.4 ⑧9.6 ⑨6.4 ⑩2.3

考え方 **4** 小数のたし算、ひき算は、同じ位どうしをたしたり、ひいたりします。筆算にかくときは、小数点がたてにならぶようにかいて計算します。

おうちのかたへ 小数の筆算では、答えの小数点を書き忘れないようにしましょう。また、答えが、整数になることもあります。そのときの答えは、8.0や4.0のように書かず、小数点と0を消して、8、4のように答えましょう。